TIANXINGWENKU
天星文库

天星文库·通识经典

科学研究的艺术

THE ART OF SCIENTIFIC INVESTIGATION

〔澳〕威廉·I. B. 贝弗里奇 著
陈捷 译

山西出版传媒集团 北岳文艺出版社
·太原·

图书在版编目（CIP）数据

科学研究的艺术 /（澳）威廉·I.B. 贝弗里奇著；陈捷译 .— 太原：北岳文艺出版社，2023.6
ISBN 978-7-5378-6682-8

Ⅰ. ①科… Ⅱ. ①威… ②陈… Ⅲ. ①科学研究—研究方法 Ⅳ. ① G312

中国国家版本馆 CIP 数据核字（2023）第 002382 号

科学研究的艺术

著者：〔澳〕威廉·I．B．贝弗里奇
译者：陈捷

出品人
郭文礼

策划
续小强

责任编辑
庞咏平

书籍设计
张永文

印装监制
郭勇

出版发行：山西出版传媒集团·北岳文艺出版社
地址：山西省太原市并州南路 57 号　邮编：030012
电话：0351-5628696（发行部）　0351-5628688（总编室）
传真：0351-5628680
经销商：新华书店
印刷装订：山西人民印刷有限责任公司

开　本：787mm × 1092mm　1/32
字　数：189 千字
印　张：7.875
版　次：2023 年 6 月第 1 版
印　次：2023 年 6 月山西第 1 次印刷
书　号：ISBN 978-7-5378-6682-8
定　价：59.80 元

科学研究是一种艺术，不是科学。

——W. H. 乔治

中译本再版序言

《科学研究的艺术》（*The Art of Scientific Investigation*）是一本不可多得的好书。我与此书结缘于五十二年前刚进中科院做研究生之时，导师郭永怀先生推荐阅读这本书。我借来原著，反复研读，获益匪浅；1979 年 5 月在上海出席学术会议期间觅得陈捷学长的中译本，如获至宝，从此形影相随，不知翻阅了多少遍，如今它已破破烂烂，其貌不扬，它的主人却依旧敝帚自珍，爱不释手，而且时读时新，每翻阅一遍，都会有新的感受，其中的警言妙句已牢记在心，不断在科学研究工作中为本人指点迷津。我的一位学有所成的朋友说过："人这一辈子应该熟读几本书。"诚哉斯言！在这里要说说，我为什么喜欢这本书。

为了让大家了解此书的概貌，照录《科学研究的艺术》1979 年中译本的内容简介：

> 本书从科学研究的实践与思维技巧方面综合了一些著名科学家具有普遍意义的观点：分析了在科学上作出新发现的方法；总结了科学研究中有益而又有趣的经验教训；提出了可供各种学科参考的指导原则与思维技巧。

书中选用的素材简明易懂，语言生动活泼。

本书的对象首先是即将从事科学研究工作的学生，但对于业已从事科研工作的人员，乃至有经验的科学家，也会具有一定的参考价值。书中列举的实例，大多属于生物学和医学范畴。然而，大部分内容对于其他学科的读者仍适用。

我们不妨对原书书名中的“art”做一番解读。英语中的“art”的含义比汉语中的“艺术”要广，也含有“a skilful method of doing something, esp. something difficult”之意，在这一层面上也可译作“技巧、巧妙方法”（见《朗文现代英汉双解词典》）。因此，本书书名也可译成《科学研究的技巧》，但“技巧”的“含金量”还是偏低，所以我们不妨广义地理解“艺术”这个词——给人以美的享受的方法和技巧。

值得一提的是：此书问世后产生了广泛的影响。三联书店曾就“二十年来对中国影响最大的一百本书”做过一番调查，《科学研究的艺术》一书名列其中。

下面简略描述此书的特点。

1. 面向学子　语重心长

作者 W. I. B. 贝弗里奇是剑桥大学的名教授、澳大利亚畜动物病理学家。他非常关心青年学者的成长，以诲人不倦的态度向青年学子传授科研方法和思维技巧。在原书序言中写道：

人们固然花费了不少时间和精力去训练和武装科学家的头脑，但是，对于如何充分利用头脑，在技术细节上却几乎未加注意。在科学研究的实践和思维技巧亦即艺术方面，尚无一本令人满意的书把有关知识顺理成章。这种不足促使作者写此书作为研究工作入门的导引。这本书是对这一复杂艰深论题的小小的贡献，对象首先是即将从事研究工作的学生，但也希望能吸引更广泛的读者。由于我个人的科研经验得自对传染病的研究，所以本书首先是为这一学科的学生而写。但对于实验生物学的其它专业，本书也几乎全部适用，其大部分内容则适用于任何一门学科。

作者非常重视科学研究的方法，他说：“具有天赋研究能力的旷世稀才不会得益于研究方法的指导，但未来的研究工作者多数不是天才，给这些人以若干科研方法的指点，较之听任他们凭借个人经验事倍功半地去摸索，应有助于他们早出成果……人们普遍认为：多数人的创造能力很早就开始衰退了。对于一个科学家来说，姑且假定他迟早会懂得怎样进行研究工作最佳，但如果完全靠自己摸索，到他学会这种方法时，他最富有创造力的年华或许已经逝去。因此，如果在实践中有可能通过研究方法的指导来缩短科学工作者不出成果的学习阶段，那么，不仅可以节省训练的时间，而且科学家做出的成果也会比一个用较慢方法培养出的科学家所能做的要多。”这些话对我们这些涉足科研的学人而言有振聋发聩的作用，正因为如此，我深深地爱上了这本书，视之为指路明灯。

另外，在一般的科学方法论的论著中，很少谈及科研工作的准备，为了满足初涉科研的青年学子的需要，作者在第一章中，用很大篇幅讲了准备工作的方方面面，其中提及批判的阅读、广泛阅读、学会略读、注意写作技巧、积极参加学术会议、正确选题等等，这些内容对青年学子有着非常实际的指导意义。

2. 高屋建瓴　言简意赅

正因为本书以即将从事科研工作的学生为主要读者，讲述得通俗易懂，言简意赅。全书采用归纳法的思路来演绎，尽力避免空洞说教。作者苦心孤诣地搜罗了大量实例，来说明一些深奥的道理。例如，为了说明科研中如何发现和利用不期而遇的机会，在关于“机遇”的一章里，他开宗明义地列举了十个生动的例子，接着细致分析了如何“认出机遇”和“利用机会”，给出一些一般原则。他还嫌不过瘾，在附录里补述了另外十九个例子，说明机遇在新发现中所起的作用。读了这些内容，读者不能不心悦诚服地承认作者所引述的生物学家尼科尔的话：“机遇只垂青于那些懂得怎样追求她的人。”

贝弗里奇的高明之处在于：善于利用一些浅显的实例来阐明科学研究中的若干指导原则，而非停留于那些有趣的例子的陈述。在每一章的结尾，他都给出了一个画龙点睛的提要。比方说，在讲“机遇”的那一章的提要中说：“新知识常常起源于研究过程中某种意外的观察或机遇现象。这一因素在新发现中的重要意义应得到充分的认识，研究人员应该有意识地去利用它。积极、勤勉，尝试新步骤的研究人员遇到这种机会的次数更多。要能解释线索，并认识其可能的重要意义，就需要有不受固定观念束缚的知识，要有想象力、科学鉴赏力以及对一切未经解释的观察现象进行思考的习惯。”由于前面做了种种感性描述，读者会自然地接受这些观点，并用以指导自己的行动；同时，作者还为后面有关“想象力”“观察”等章节做了铺垫。

3. 重视实践　强调磨炼

作为一位颇有造诣的生物学家，贝弗里奇特别强调“实践出真知”，不仅辟出两章专讲实验和观察，而且强调实践检验的思路贯穿全书。书中详述了实验、观察的目的，实验的计划、部署和评估，而且根据前人的经验，阐述如何避免在实验和观察中犯错误，强调了实验和观察结果的可再现性、观察的全面性和客观性，并提供了具体技巧和思路。

在关于“困难”这一章中，作者讲述了科研中出现困难的缘由，强调要知难而进，通过自己不屈不挠的实践，战胜习惯势力的偏见。对于初涉科研的青年人来说，培养这样的素质极其重要。

4. 关注谋略　看重素质

在铺陈了科学研究的主要技巧后，作者用两章篇幅阐明科学研究的战略战术和科学家的特质。这在一般的方法论书籍中也不多见。第十章中，作者对科学研究的计划和组织发表了不少真知灼见。他特别主张，科研工作的组织由科研人员自己做主，反对外来干预。该章的提要中说：“战术最好由从事研究的工作人员制定。研究人员还应有权参加战略规划的制定。但是，在这方面，研究工作的指导人员，或是熟悉该工作的科学家的技术委员会，也都能经常对研究工作者提供协助……人们只能计划科学研究，而不能计划新发现……科学研究的一般战略是：研究时具有明确的目标，但同时保持警觉，注意发现并捕捉意外的时机。”

最后一章的内容对青年读者也会有很大的启发性，其中综述了科学工作者应有的特质、性格和道德观，讲述了他们应该如何心无旁骛、专心致志地从事科学创造，特别引述了伟大的科学家爱因斯坦、巴甫洛夫的一些论断，颇为启人心智。全书以这样的话语作为结束语：“从事科学研究确实能使人心满意足，因为科学的理想赋予生命以意义。”

根据笔者多年研读的体会，提出如下关于如何阅读此书的建议：

首先，通读全书，领略其主要内容和精神。通读的遍数越多越好。

其次，带着问题阅读相关章节。在自己的学习和科研的不同阶段，细读相关章节，并用以指导自己的科研实践。要记住：科学研究的方法和技巧不仅仅是靠阅读这类著作来掌握的，最重要的是：在实践中学习、体会、总结。

第三，以批判的眼光来阅读此书。贝弗里奇说的话并非句句都对，要自己独立思考，尽可能吸收其中的精华；若自己的意见与他相左，不妨提出自己的看法。

1979 年的中译本的质量甚高。译文忠实于原著，行文严谨，准确无误。可能当时译者较为年轻，译笔较为拘谨。在三十多年之后，译者有了海外留学、工作和出版英文专著的经历，如今深入细致地修改了原来的中译本，译文质量有进一步提高。鉴于原译本早已绝版，北岳文艺出版社适时地推出该书的再版本，实乃华人学子的一大幸事。

关于此书的再版过程，译者在再版后记中有详尽描述。需要补充的是：在与译者陈捷的沟通过程中，意外地发现，在 20 世纪 60 年代，我们曾是中国科学院的研究生同学，尽管专业不同，却在投入科研之门时有相似的经历，而且对学习、运用和传播科研方法有相同的兴趣。

承蒙陈捷学长邀请作序，特陈述以上各点，供读者诸君参考。

戴世强

上海大学终身教授

2014 年 11 月 17 日

中译本再版译者前言

自1979年2月《科学研究的艺术》中译本由科学出版社出版，至今已三十五年有余。译者深感欣慰的是，本书在广大有志于科学的读者中受到欢迎，且广为流传。有些教授将此书推荐给研究生阅读研讨。2006年，三联书店又将此书列为“二十年来对中国影响最大的一百本书”之一。特别值得提到的是，上海大学戴世强教授一直极力推荐《科学研究的艺术》一书，并详细解读此书，介绍科学研究技巧，对研究人员提高科学研究方法起了极大的推动作用。

此书中译本早已售罄，但幸得热心读者将中译本自制成电子扫描版，得以在网上流传。为此，译者有意将原中译本修正改进并再版，再次将本书推荐给我国有志于科学的读者。

再版本基本保持初版的翻译文字和风格，尽力忠实于原书著者及引文著者简练而又生动的语言，避免冗长译文。同时，利用再版的机会，译者改正了初版中的错误，改写了一些拗口的文字，又增添了一些译者注释。

在此再版中译本中，也将初版的《译者前言》一字未改地附在“中译本再版译者前言”之后。读者可以从中看出当时的时代色彩。

限于译者水平，错误缺点依然难免，恳请读者继续指正。

陈　捷

2014 年 10 月于美国华盛顿

中译本第一版译者前言

这是一本论述科学研究的实践与思维技巧的书。作者威廉·伊恩·比德莫尔·贝弗里奇（William Ian Beardmore Beveridge）1908年出生于澳大利亚，于1947年起任英国剑桥大学动物病理学教授，是一位卓有成就的科学家。本书综合了19世纪和20世纪一些著名科学家的经验、见解，又结合了作者本人的经验、教训，立论鲜明，编排醒目，语言也饶有风趣。在这百花盛开的科学的春天，作为万紫千红中的一束，译者愿将这本书介绍给我国有志于科学的读者。

关于本书的宗旨、内容和对象，原作序言已有说明，无须译者赘述。在此仅就本书作者的观点略谈一二。

马克思、恩格斯在《神圣家族》一文中说："科学是实验的科学，科学就在于用理性方法去整理感性材料。归纳、分析、比较、观察和实验是理性方法的主要条件。"本书作者的观点正是如此，他十分注重实验和观察，尤其强调审慎推理与客观判断。就是对待"机遇""直觉"这些偶然性很大的因素，作者也一再强调只有有准备的头脑才能认出机会，利用机会；"直觉"必须以对问题持续自觉的思考来做思想上的准备。作者这种贯穿始终的科学态度是符合辩证唯物主义原则的，是一个自然科学工作者最可贵的品质。

同时，作者的治学态度也十分严谨。他反复强调在进行实验或观测时，要密切注意细节，做出详细的笔记，切不可把观察到的现象与实验者本人对现象的解释二者混为一谈。他一再告诫人们，切勿让推理的进展超越事实，否则定会误入歧途。另一方面，他主张用批判的阅读来武装头脑，力求保持独立思考能力，避免因循守旧。他还鼓励科学工作者彼此切磋，互相探讨，打开眼界，以免鼠目寸光，作井蛙之叹。

这本书的最后两章着重论述了科学的组织工作、科学工作者必备的条件和素质以及科学家生活的种种特点。因此，本书不仅对那些攀登险峰的勇士是一根得力的拄杖，而且对那些选拔勇士、组织攀登的现代“伯乐”也是一本很好的参考书。

当然，作者也有自己的缺陷和时代的局限性。他反对科学工作者阅读哲学书，认为那些浩如烟海的著作对科学用处不大；他看不到社会主义制度促进科学技术发展的积极方面，错误地认为“政治干预科学事物”是“会使专制主义进入科学”；他宣扬科学上的新发现大多来自机遇或直觉，用了两章的篇幅试图论证科学新发现中机遇和直觉的重要性，未免有些过分，有些例证也未免过于玄虚。联系到作者所处的历史条件以及他所生活的社会制度，联系到资本主义社会中唯心主义哲学的泛滥，对这些观点的产生我们是可以理解的。

尽管如此，本书仍不失为一本值得一读的科学读物。读者若能实事求是地加以分析，去粗取精，去伪存真，批判地吸取其精华所在，那么，对我们学会做科学研究是不无好处的。

本书根据第三版译出。有些地方做了必要的注释。限于译者水平，错误、缺点在所难免，望读者批评、指正。

陈 捷

1978 年 4 月

第四章　假说

第五章　想象力

第六章　直觉

第十章　战略和战术

第十一章　科学家

序言

（第一版）

精密仪器在现代科学中有重要的作用。但我有时怀疑，人们是否容易忘记科学研究中最重要的工具必须始终是人的头脑。人们固然花费了不少时间和精力去训练和武装科学家的头脑，但是，对于如何充分利用头脑，在技术细节上却几乎未加注意。在科学研究的实践和思维技巧，亦即艺术方面，尚无一本令人满意的书把有关知识顺理成章。这种不足促使作者写此书作为研究工作入门的导引。这本书是对这一复杂艰深论题的小小的贡献，对象首先是即将从事研究工作的学生，但也希望能吸引更广泛的读者。由于我个人的科研经验得自对传染病的研究，所以本书首先是为这一学科的学生而写。但对于实验生物学的其他专业，本书也几乎全部适用，其大部分内容则适用于任何一门学科。

我力图分析做出新发现的方法，是综合有成就科学家观点中带有普遍性的东西，并写进那些会对青年科学家有用而又有趣的材料。为了把这些素材写得简明易懂，有些地方我采用了坦率的说教口吻，也可能将某些有争议的观点过分简化了。但是，教条主义是与我的原意背道而驰的。我试图推断并阐明尽可能多的科学研究指导原则，最终摆在学生面前的，可能是一些具体的见解。读者可以不接受我的观点，但应该把这些观点看成供他思考的建议。

科学研究是一种高度复杂而又难以捉摸的活动，在研究人员的头脑中往往并不明确。这或许就是多数科学家认为无法就研究方法进行正规教育的缘故。大家都承认，科学研究的训练应主要是自我训练，若能在实际研究操作中得到有经验的科学家的指点则更好。尽管如此，我仍相信可以从别人的经验中学到某些教益和一般的原则。常言道："智者请教他人，傻瓜只学自己。"诚然，任何一种训练，都远远不止于听别人的指点。人们要学会把原理付诸实施，并养成运用原理的习惯，必须假以实践，但在应该掌握哪些技巧方面得到指导，也是大有裨益的。很多情况下，本书仅仅是指出了可能遇到的困难，亦即必要时必须全力正视并克服的困难。然而，言之在先，亦不无帮助。

所谓科学研究，就是对新知识的探求，所以对有独创精神的人特别具有吸引力。他们所用的方法亦各不相同，甲所遵循的方法对乙则未必合用。不同的学科也需要不同的方法。但是，有些基本原理和思维技巧是大多数类型的科学研究所共同使用的，至少在生物学领域是如此。法国大生理学家贝尔纳（Claude Bernard）[①]说：

> 良好的方法能使我们更好地发挥运用天赋的才能，而拙劣的方法则可能阻难才能的发挥。因此，科学中难能可贵的创造性才华，由于方法拙劣可能被削弱，甚至被扼杀；而良好的方法则会增益、促进这种才华……在生物学科中，由于现象复杂，谬误的来源又极多，方法的作用较之其他科学甚至更为重要。[15]

① 贝尔纳（1813—1878），法国生物学家，其最重要的成就是发现肝脏的产糖功能和血管运动神经。——译者

具有天赋研究能力的旷世稀才不会得益于研究方法的指导，但未来的研究工作者多数不是天才，给这些人以若干科研方法的指点，较之听任他们凭借个人经验事倍功半地去摸索，应有助于他们早出成果。一位著名的科学家曾告诉我，他经常故意一段时间不管学生，以便让他们有机会自己适应工作。这种以非沉即浮原理为依据的方法，用于甄拔人才，或许有其可取之处。但是，比起把孩子扔进水里的原始方法教游泳，我们今天有更好的办法。

人们普遍认为，多数人的创造能力很早就开始衰退了。对于一个科学家来说，姑且假定他迟早会懂得怎样进行研究工作最佳，但如果完全靠自己摸索，到他学会这种方法时，他最富有创造力的年华或许已经逝去。因此，如果在实践中有可能通过研究方法的指导来缩短科学工作者不出成果的学习阶段，那么，不仅可以节省训练的时间，而且科学家做出的成果也会比一个用较慢方法培养出的科学家所能做的要多。这只是一种推测，但其可能具有的重要意义不容忽视。另一种考虑是：对未来的研究工作者而言，不断增加的正规教育被认为是必要的，这就有可能会缩短其最富创造性的年华。也许这两种不良后果都可能因我们所建议的指导方法而有所缓解。

任何一本试图研究如此广泛复杂课题的书，难免都会有不足之处。我希望本书能起到抛砖引玉的作用，让更多成就比我大、经验比我多的作者来就这个题材撰述，丰富这方面已有的系统化知识。不揣冒昧，作为没有受过任何心理学正规教育的我，竟然论及研究工作的心理学层面。但是，想到生物学家涉足心理学并不比心理学家或逻辑学家涉足生物学研究有更多误入迷津的危险，就又增添了勇气。大多数论述科学方法的著作都从逻辑学或哲学角度着眼，本书则侧重于科学研究的心理活动和实践。

我觉得很难按逻辑顺序编排所讨论的各个不同的题目。关于机遇、假说、想象力、直觉、推理和观察各章，现在的次序完全是作者随意安排的。第一章第二部分总结了科学研究的步骤。我颇费周折地搜寻了一些小故事来说明新发现的探索经过，因为这些小故事对于那些想了解知识进展过程的人可能有用。在相关章节中，每个小故事的引用都是按其最适于说明的科学研究的特定方面，但其影响所及绝不仅限于一点。其他的小故事收集在附录部分。作为一种直接知识的来源，我在好几处都提到了自己的经验，对此，在这里预先表示歉意。

对于向我提供有益的建议、批评和参考资料的各位朋友和同事，我谨表示衷心感谢。承蒙下列各位好意替我审阅初稿，并提出了宝贵的意见，他们是艾伯克龙比（M. Abercrombie）博士、安德鲁斯（C. H. Andrews）博士、巴特利特（F. Bartlett）爵士、巴切勒（G. K. Batchlor）博士、克龙比（A. C. Crombie）博士、尤尔（T. K. Ewer）博士、格雷厄姆 - 史密斯（G. S. Graham-Smith）博士、格林德利（G. C. Grindley）先生、琼斯（H. L. Jones）先生、拉佩奇（G. Lapage）博士、马丁（C. Martin）爵士、麦克唐纳（I. Macdonald）博士、麦克利蒙特（G. L. McClymont）博士、斯蒂芬森（M. Stephenson）博士以及威尔金森（D. H. Wilkinson）博士。当然，这并不等于上述科学家赞同本书的全部观点。

威廉 · I. B. 贝弗里奇

序言

（第二版）

本书出版以来，不少科学家或撰写书评，或个别交谈，对本书所述研究方法表示赞同，作者对此不胜感激。在主要原则问题上迄未见到严重分歧，因此在第二版时作者可以更有信心将本书奉献给读者。

作者收到许多热心人的来信，或证实书中的观点，或指出某些小的错误，作者谨此表示谢忱。第二版仅在某些小的地方做了更动，唯对《推理》一章做了部分的改写。

威廉·I. B. 贝弗里奇

1953 年 7 月于剑桥大学

序言

（第三版）

第三版仅在第二版的基础上做了些小的改动，大多属于次要的性质，附录中增添了两个很好的例子以说明机遇的作用。

威廉·I. B. 贝弗里奇

1957 年 9 月于剑桥大学

第一章　准备工作

"跛足而不迷路，能赶过虽健步如飞但误入歧途的人。"

—— 弗兰西斯·培根[①]

学习

科学研究工作者是活到老学到老的。由于必须使自己跟上知识的发展，研究人员的准备工作是永无止境的。这主要通过阅读当前的科学期刊。如同看报一样，这种学习成为习惯，构成科学家正常生活的一部分。

1952 年版的《世界科学杂志一览》（*World List of Scientific Periodicals*）编入了五万多种期刊。简单计算就可以看出：完成如此大的阅读量相当于一年阅读近二百万篇文章，或一周四万篇。这说明，除了阅读与自己最相关的那一小部分文献外，要想多熟悉其他是绝对不可能的。大多数科学研究工作者，试图定期查看或至少翻阅二十种到四十种期刊文章的标题。同看报一样，大部分资料只略

① 培根（Francis Bacon，1561—1626），英国著名的哲学家、散文家和政治家。——译者

读一下，只有那些可能有所裨益的文章才细加阅读。

初学者应该请教本行业中有经验的研究工作者，以了解哪些杂志对自己最为重要。文摘期刊总是比原期刊滞后一段时间，仅就这点而言，价值也很有限。但文摘刊物能使科学工作者了解各种不同的文献内容，对那些接触不到大量杂志的人尤为可贵。通过索引刊物和目录查找参考资料，并学会使用图书馆，须给学生以适当的指导，帮助他们。

通常，对于述及有关自己手头问题的文献要仔细地阅读。然而，也有科学家认为这样做并不明智。这一点乍一看去似乎令人不解。他们说：阅读他人有关这一课题的文章会限制思想，使读者也用同一方法去观察问题，从而使寻求新的有效方法更加困难。有人甚至提出理由，反对过多阅读所要研究的学科领域中一般性的论文。凯特林（Charles F. Kettering）① 曾参与发现把四乙铅作为发动机燃料的抗震剂，并改进了卡车、公共汽车用的柴油机。他说过：阅读传统教科书会使人墨守成规，而摆脱成规和解决这个问题本身一样费劲。很多成功的发明家并不是在他们受到训练的科学领域做出了辉煌的发现。巴斯德（Louis Pasteur）②、梅契尼科夫（Ilya Ilyich Metchnikoff）③、伽伐尼（Luigi Galvani）④ 就是著名的例子。一个名叫米尔斯（J. H. W. Mules）的牧羊人，没有受过科学研究的训练，却发现了很多科学家未能发现的一种防止澳大利亚羊群发作肉蝇病的方法。发明生产廉价钢方法的贝塞麦（Henry Bessemer）⑤ 说过：

---

① 凯特林 (1876 — 1958)，美国发明家、工程师兼企业家，持有 186 项专利。——译者

② 巴斯德（1822—1895），法国化学家、细菌学家，近代微生物学奠基人。——译者

③ 梅契尼科夫（1845—1916），俄国胚胎学家，免疫学的细胞学说创立人之一。——译者

④ 伽伐尼（1737—1798），意大利物理学家和生物学家。——译者

⑤ 贝塞麦（1813—1898），英国发明家、工程师、企业家，发明了贝塞麦转炉炼钢法。——译者

比起许多研究同样问题的人，我有一个极大的有利条件，那就是：我的思想不为长期既定惯例形成的固定观念束缚左右。我也不接受那种所谓现存的一切都是正确的普遍观念。

但是，如同许多这类“门外汉”一样，贝塞麦虽在一个学科领域中一无所知，并摆脱了既定思想方式的影响，但在另一学科领域中却是有知识、有训练的。贝尔纳也表达了同样的意思：“构成我们学习最大障碍的是已知的东西，而不是未知的东西。” 所有从事创造性研究工作的人都面临这一难题。拜伦（George Gordon Byron）[①] 写道：

要有独到之见必须多思少读。但这是不可能的，因为在学会思考之前势必先已阅读。

萧伯纳（George Bernard Shaw）[②] 的妙语“读书使人迂腐”很说明问题，并不像初看起来那样荒诞无稽。

这一现象可以这样解释：当满载丰富知识的头脑考虑问题时，那些相应的知识就成为思考的焦点。如果这些知识对于所思考的问题已经足够，那就可能得出解决的方法。但是，如果这些知识不够，而从事研究工作时往往如此，那么，已有的那一大堆知识就会使头脑更难得出新颖独创的见解，其原因下面再谈。此外，有些知识实际上也许是虚妄的。在这种情况下，就会造成更严重的障碍，妨碍新的有成效的见解产生。

① 拜伦（1788—1824），英国大诗人。——译者

② 萧伯纳（1856—1950），爱尔兰著名剧作家兼评论家。——译者

因此，如若研究的对象是一个仍在发展的学科，或是一个新的问题，或问题虽已解决但却是一种新的看法，这时，内行最有利。但是，如若研究的是一个不再发展的学科，这一领域的问题业已解决，那么就需要一种新的革命的方法，而这种方法更可能由一个外行提出。内行几乎总是对革新的思想抱着怀疑的态度，这正说明已有的知识成了障碍。

解决这个问题的最好方法是批判地阅读，力求保持独立思考能力，避免因循守旧。过多的阅读滞碍思想，这主要是对那些思想方法错误的人而言。若是用阅读来启发思想，若是科学家在阅读的同时积极从事研究活动，那就不一定会影响其观点的新鲜以及独创的精神。无论如何，多数科学家认为：研究一个问题时，对该问题已经解决到什么程度一无所知，是更为严重的障碍。

开始从事研究工作的年轻科学家，犯的最普遍的一个错误是：尽信书上所言，把报道的实验结果与作者对结果的解释混为一谈。培根说：

> 读书时不可存心诘难作者，不可尽信书上所言，……而应推敲细思。① [7]

具有正确研究观点的人养成这样一种习惯，把书上所言同自己的知识经验加以比较，并寻找有意义的相似处和共同点。这种学习方法也是形成假说的一种方法。例如，达尔文（Charles Robert

① 王佐良译。摘自培根的《论读书》。——译者

Darwin）[①]和华莱士（Alfred Russel Wallace）[②]就是这样想到进化论中“适者生存”这个观点的。

成功的科学家往往是兴趣广泛的人。他们的独创精神可能来自他们的博学。正如我们以后在《想象力》一章里要谈到的，独创精神往往在于把原先没有想到有关联的观点联系起来。此外，多样化会使人的观点新鲜，而过于长时间钻研一个狭窄的领域则易使人愚钝。因此，阅读不应局限于正在研究的问题，也不应局限于自己的学科领域，实在说，甚至不应拘于科学本身。然而，除了阅读与自己直接相关的内容外，为了最大限度地节省用于阅读的时间，并跟上主要的进展，绝大部分资料可以浮光掠影、一带而过，但要仰仗提要和书评。科学研究工作者如不培养广泛的兴趣，其知识面可能越来越狭窄，只局限于自己的专业。教书的一个有利条件是：与单纯从事研究工作的科学家相比，兼做教学工作的科学家必须要在更为广泛的领域里跟上学科的进展。

对普遍规律具有清晰的概念，而不把它们看作是一成不变的法则。这比用一大堆琐碎的技术资料来充斥头脑重要得多，因为这种技术资料在参考书和索引卡片上很容易找到。对于创造性思维来说，见林比见树更重要。而对于学生而言，只见树木而不见森林很危险。一个头脑成熟、对科学事物有过深思熟虑的科学家，不仅有时间积聚技术细节，而且掌握了足以见到森林的全局观。

上述这些绝不是要贬低在基本科学方面打下完备基础的重要性。

① 达尔文（1809—1882），英国博物学家，生物进化论的奠基人。著有《物种起源》，提出以自然选择为基础的进化论。——译者

② 华莱士（1823—1913），英国博物学家，自然选择学说建立者之一。1858年独立提出生物进化的自然选择学说。——译者

在广阔的知识领域里，泛读和“略读”能有多大价值，很大程度上取决于读者是否有足够宽的知识面，以便迅速度量所报道的新成果，并攫取其中重要的发现。有种说法，在科学上，所谓成年人思维的发展只能到达青年时期打下基础所能支撑的高度，确实有相当的道理。

在无须细读的时候，学会略读的技巧是很有帮助的。正确的略读可使人用很少的时间接触大量的文献，并挑选出有特别意义的部分。当然，有些写作风格本身就比其他更适合于略读。对于严密推理或已经提炼的文章，或任何一篇读者意欲深入钻研的文章，则不可略读。

大多数科学家发现，做索引卡片的方法很有用，即在卡片上把与自己工作特别相关的文章做简明的摘要。再者，做摘要的过程也能帮助记忆文章的要点。在通篇速读对全貌有所了解后，读者可以回到那些此时方才充分认识到其意义的章节段落，重新阅读，并做笔记。

一个刚刚毕业的学生，第一年往往会继续再学习一个科目，以便使自己有更好的条件做研究工作。我认为：在生物学方面，选学生物统计学对学生更有好处，其重要性下一章里再谈。过去，那些从事研究工作、说英语的学生，如果不懂德语而又在中学学过法语，通常选学德语。能够读懂德语在从前是很重要的，但是，近十年来，用德语写的生物学和医学著作数量很少，以后几年也不会很多。诸如斯堪的纳维亚半岛国家，或者日本等国的科学家，过去经常用德语写作，现在则几乎完全用英语。随着科学在美国和英联邦的大发展，英语正在成为科学上的国际语言。一个生物学的学生若非有特殊理由要学德语，我认为在德国科学振兴以前，应把时间花在其他更有用的事情上。在这方面，有一事也许值得一提，德国伟大的化学家奥斯瓦尔德(Friedrich Wilhelm Ostwald)① 有个不同寻常的观点。他主张做研究工作的学生不宜学习语言。他认为：拉丁文的传统教学法尤其毁坏科学观。[67] 斯宾塞（ Herbert Spencer ）② 也指出：语言学习易于助长对权威的尊崇，从而不利于独立判断能力的发展。而这种独立判断能力，对于科学家是特别重要的。好几位著名的科学家，包括达尔文和爱因斯坦（ Albert Einstein ）在内，都对拉丁文深恶痛绝。这也许是由于他们独立思考的头脑与培养一种不去搜寻佐证而接受权威的习惯两者间是格格不入的吧。

上一段中关于语言学习可能造成有害影响的观点并不是能被普遍接受的。然而，在决定要不要学习一种语言或一门别的科目的时候，还有一个因素要考虑。那就是：学习价值不大的科目消耗了学习别的科目所需的时间和精力。而思想活跃的科学家经常面临着一个所谓兴趣竞争的问题：他难得有足够的时间去做所有想做和应该做的事，所以必须对可以忽略什么做出抉择。培根说得好：我们必须决定知识的相对价值。卡恰尔（ Santiago Ramón y Cajal ）③ 公开反对一切知识皆有益的一般观点；反之，他说，学习无用的科目即使不占据头脑中的实际位置，也占用了宝贵的时间。[110] 虽则如此，我并不想说科目的选择应该完全从实用的观点出发。我们科学家无暇阅读一般的文艺作品实在是件憾事。

学生如果不能上生物统计学的课，则可选读有关这个科目里易懂的书或文章。我所知道最合适的有斯内德克（ G. W. Snedecor ）的

① 奥斯瓦尔德（ 1853—1932 ），出生于拉脱维亚的德国物理学家。——译者

② 斯宾塞（ 1820—1903 ），英国哲学家。 ——译者

③ 卡恰尔（ 1852—1934 ），西班牙病理学家、组织学家，神经学家，1906年诺贝尔生理学奖得主。 ——译者

著作[87]，论述将统计学应用于动植物实验；还有希尔（A. Bradford Hill）的著作[16]，主要谈人体医学中的统计学。托普莱（W. W. C. Topley）和威尔逊（G. S. Wilson）①的细菌学教科书中有一章关于生物统计学在细菌学中的应用，很精彩。[91]费歇尔（R. A. Fisher）②教授的两本书是经典著作，但有些人认为作为入门学习太难[39，40]。如果生物学家对生物统计不感兴趣，则不必要求他成为这方面的专家；反之，如果他在这方面拥有足够的知识，就会避免无故忽视或过分迷信，而且，他应该知道什么时候该向生物统计学家请教。

年轻科学家还要注意科学论文写作的技巧和艺术。科学论文著者的英语水平一般不高，无懈可击者寥寥无几。人们的主要意见还不在于其英语不够优美，而在于其表述不清晰，不准确。正确使用语言之所以重要，不仅在于要能够正确地报道研究活动，还在于我们大部分的思维是通过语言进行的。有几本很好的小册子和文章是关于科学论文写作的。特里利斯（S. F. Trelease）专谈写作和编辑的技巧。[93]卡普（R. O. Kapp）[55]和奥尔伯特（C. T. Allbutt）[1]则主要论述如何写作各种英语文体。安德逊（J. A. Anderson）[2]写了一篇有关设计科学论文中图表的文章，非常有用。我发现，撰写书刊摘要对我们的帮助很大，它能使我们通晓科学成果报道中出现的那些最严重的错误，同时也可受到惜墨如金的良好训练。

通过阅读科学伟人的生平和著作，我们不但丰富了自己的生活，而且加深了对科学的理解。从这些书本中得到的启示使许多青年科学家受用终身。我可以推荐两本最近出版的精彩传记：杜博斯（René

① 威尔逊（1895—1987），英国细菌学家。——译者
② 费歇尔（1890—1962），英国统计学家。——译者

J. Dubos）[①]的《路易·巴斯德：科学的自由骑士》[112]和马夸特（M. Marquardt）的《保罗·埃利希[②]》[113]。近年来，人们越来越注重研究科学史。科学家对此都应略有所知。科学史对学科的日趋专门化是最好的弥补，并能扩大视野，以更全面地认识科学。有些这方面的著作不是写成单纯的编年史，而是深入评价知识的发展，把它看作演变的进程（例见参考文献[20, 25]）。此外，还有浩瀚的文献论述科学的哲学观和科学方法的逻辑学。人们是否要进行这方面的学习取决于个人爱好。但是一般说来，这种学习对从事科学研究帮助不大。

参加科学会议对青年科学家是很有帮助的。在科学会议上，青年科学家可以看到怎样通过继续别人的工作来为知识的完善做出贡献，看到怎样评议论文，根据什么评议论文，并对同行科学家的个性有所了解。认识你所读论文的作者，即使仅仅知道他们的容貌，都会给科学研究增添不少兴味。科学会议也是一个很好的场所，它展现了科学上健全民主的气氛，无任何独断专行。因为，在会议上，那些老资格的科学家也同样可能受到批评。应争取一切机会去参加著名科学家举行的次数不多的特别报告会，因为这种报告会常常给人以极大的启发。例如伯内特（F. M. Burnet）[③]1944年说过这样一件事[19]：1920年，他出席了马森（David Orme Masson）[④]教授的报告会。马森教授是一个对科学怀有真正感情的人，他不仅极其清晰地说明了原子物理的未来发展，而且描述了对事物有了新的理解

① 杜博斯（1901—1982），法国出生的美国微生物学家和病理学家。——译者
② 埃利希（Paul Ehrlich，1854—1915），德国细菌学家，免疫学和化学疗法的先驱。——译者
③ 伯内特（1899—1985），澳大利亚医生、病毒和免疫学学家 。——译者
④ 马森（1858—1937），英国出生的澳大利亚物理化学家 。——译者

后的那种内心的愉快。伯内特说：虽然报告的大部分内容他已忘却，但是当时激动的感受却终生铭记在心。

着手研究问题

在开始进行科学研究的时候，显然，首先要确定研究的题目。虽然在这方面有必要请教一位有经验的科学家，但是，做研究工作的学生若是自己担负选题的主要责任，那么成功的可能性则更大。这样确定的选题他会感兴趣，觉得是他自己的，而且会多加考虑，因为成功与否责任全在他身上。他最好在本实验室老资格科学家的研究范围内选择题目，这样就能得到他们的指导和关注，自己的研究也能促进对他们工作的理解。虽则如此，有时科学家却不得不就某一特定题目进行研究，这种情况常见于应用研究。在这种时候，只要对问题考虑充分，就不难找到真正有价值的方面。甚至可以这样说，大多数题目都是科学家自己创造出来的。美国细菌学大家西奥博尔德·史密斯（Theobald Smith）① 说，他总是先处理摆在眼前的问题，主要是因为容易得到资料；而没有资料研究，工作则寸步难行。[86] 有真正研究才能的学生要选一个合适的题目是不困难的。假如他在学习的过程中不曾注意到知识的空白或不一致的地方，或是没有形成自己的想法，那么，作为一个研究工作者，他是前途不大的。初学研究工作的人最好选择一个很有可能出成果的题目，而这题目当然不要超出他的技术能力。成功是对进一步发展的有力推动和帮助，而不断受挫则可能起到相反的作用。

① 史密斯（1895—1934），美国细菌学家和病理学家。——译者

题目选定以后，下一步就要明确这方面已经做过哪些研究。作为研究的起点，教科书往往很有用处，一篇新近出版的评论文章则更佳，因为二者都对现有的知识做了全面的总结，并提供了主要的参考资料。然而，教科书只是著者撰书时对最重要事实和假说的汇编，为了使全书连贯一致，可能去掉了其中不衔接和有矛盾的地方。因此，我们一定要查阅原著。每篇文章中都会提到其他文章，如此按踪寻迹就能找到有关题目的全部文献。索引杂志全面收录了任一课题大约时至一年以前的参考资料，非常有用。索引杂志未编进的资料则需到个别相关的期刊中搜寻。《医学累积索引（季刊）》《动物学记录》《兽医学索引》及《农业书目》分别是有关学科的标准索引刊物。受过正规训练的图书馆管理员知道怎样系统查阅文献。科学家有幸得到他们的帮助便可获得相关科目的参考书目。在研究工作开始初期，最好对所有的相关文献做充分的研究，因为即使仅仅疏漏一篇重要论文，也可能导致浪费很多的精力。再者，在研究的过程中，以及在留意有关课题的新论文时，广泛浏览各种资料，注意有无可利用的新原理、新技术，是非常有益的。

在传染病研究方面，通常第二步是尽量搜集该疾病当地病例的第一手材料。举例说，如果研究的是一种牲畜病，一般要实地进行观察，亲自探访农民。这是实验工作重要的先决条件。研究人员忽视了这一点，有时就会做一些与实际问题关系很小的实验。适当的实验室标本检验，通常作为这种现场工作的辅助工作进行。

农民常常给观察到的事物加上主观的色彩以契合自己的观点，一般的门外汉也许都是如此。头脑未经正规训练的人往往注意并记住那些符合自己观点的事物，而忘却其他。进行调查必须巧妙而深入，以便准确地确定观察到的现象，即把人们观察到的现象同人们对这些现象的解释分开。这种耐心的调查常常是很有收获的，因为农民有极好的机会搜集材料。雪豹容易感染犬瘟热病这一重要发现就是从一个猎物看守人的结论中得到了启发。起初，科学家们对他的话并不在意，幸好后来他们决定研究一下他的话是否真有道理。据说，意大利的农民相信疟疾的传播与蚊子有关已有两千年了，但是直到五十年前，这一事实才得到科学研究的证明。

整理资料、弄清资料之间的相互关系并试图规定课题等做法在这一阶段都是有益的。例如，研究一种疾病时，应通过判断疾病的症状来说明这是什么样的疾病，从而将这种疾病的症状与其他可能引起混淆的病症加以区分。据报道，杰克逊（John Hughlings Jackson）[①]说过这样的话："对引起的事物的研究应先于对引起事物原因的研究。"为了证明这样做的必要性，这里举一个典型的例子：野口（Hideyo Noguchi）[②]从钩端螺旋体性黄疸病人身上分离出螺旋体，说这就是黄热病的起因。这一可以理解的错误延误了对黄热病的研究（但关于野口因此自杀的误传是没有根据的）。严重程度稍逊于此的例子更是屡见不鲜。

到这一步的时候，研究人员可以将课题分解成若干公式化的问题，并开始从实验入手。在准备工作阶段，科学研究人员不应被动地接受资料，而应该寻找现有知识上的空当、不同作者报告中的差别、本地观察到的现象和原先报告之间的矛盾、与有关课题相似的地方以及自己在实地考察中发现的线索。思维活跃的研究人员通常有广阔的天地来提出假说，解释所得的材料。从这些假说出发，通过实验，或通过搜集其他的观察资料，通常即可证明或否定某些结

① 杰克逊（1835—1911），英国神经学家。——译者

② 野口英世（1876—1928），日本细菌学家。——译者

论。研究人员在充分考虑课题以后，决定要做的实验应有可能得出最有用的结果，而又不超出研究人员技术能力和资金的限制。通常，最好的切入点是从课题的几个方面同时着手。然而，精力不宜过于分散，一俟找到某种有价值的论点，就应集中进行这一方面的工作。

同大多数别的工作一样，实验的成功与否主要取决于准备工作的细致程度。最有成就的实验者常常是这样的人：他们事先对课题进行了周密思考，并将课题分解成若干关键性的问题，然后精心设计为这些问题提供答案的实验。一个关键性的实验能得出符合一种假说且不符合另一种假说的结果。津泽（Hans Zinsser）① 在写到法国大细菌学家尼科尔（Charles Nicolle）② 时说：

> 尼科尔属于那种在制定实验方案之前周密考虑、精心构思，从而取得成功的人。他绝不像第二流人物：做那种心血来潮且常常是考虑不周的实验，自己急得如热锅蚂蚁。确实，看到来自许多实验室大量平庸的论文，我常常想到了蚂蚁……相对来说，尼科尔做的实验很少，很简单。但是，他做的每一个实验都是长时间智力孕育的结果，要考虑到一切可能的因素，并要在最后的实验中加以检验。然后，他单刀直入，不做虚功。这就是巴斯德的方法，也是我们这个职业中所有伟大人物的方法。他们简单的、结论明确的实验，对于那些能够欣赏的人来说，是一种莫大的精神享受。[108]

① 津泽（1878—1940），美国细菌学家。——译者

② 尼科尔（1866—1936），法国医生和细菌学家。——译者

据说，剑桥大学的生理学大家巴克罗夫特（Joseph Barcroft）[①]有一种本事，能把问题化为最简单的要素，然后用最直接的方法找出答案。研究工作的计划这一总题目将在后面的《战略和战术》一章中讨论。

小结

研究人员的职责之一是跟上科学文献。但是，若要不失独创的精神和新鲜的观点，阅读时必须抱批判、思考的态度，把知识仅仅当作资本投资来积累是不够的。

科学家自己选定的课题往往最容易出成果，但初学者的选题仍以不要过难并能得到专家指导为宜。

下面是研究医学和生物学的一般程序：

（1）批判地审阅有关文献。

（2）详尽搜集现场资料，或进行同等的观察调查，必要时辅之以实验室标本检验。

（3）整理并相互联系所得资料，规定课题，并将课题分解成若干具体问题。

（4）对各问题的答案做出猜测，并提出尽可能多的假说。

（5）设计实验时，应首先检验最关键问题上可能性最大的假说。

① 巴克罗夫特（1872—1947），爱尔兰生理学家。——译者

第二章　实验

“实验有两个目的，往往彼此互不相干：观察迄今未知或未加释明的新事实，以及判断为某一理论提出的假说是否符合大量可观察到的事实。”

——勒内·杜博斯

生物学实验

我们今天所认识的科学，可说是从文艺复兴时期实验方法的采用开始的。然而，尽管实验对于多数学科都很重要，却并非适用于一切类型的科学研究。例如，在描写生物学、观察生态学或者多种类型的医学临床研究中，都不用实验。但即使如此，后者的研究也利用了很多同样的原则。其主要不同之处在于：假说的检验是通过从自然发生的现象中收集资料，而不是从实验条件下人为发生的现象中收集资料。在写上一章最后部分和本章第一部分时，我的对象是实验人员。但是，对于纯观察的研究工作者，这些章节可能也有一些有益的地方。

通常，实验在于使事件在已知条件下发生，尽量消除外界无关的影响；并能进行密切的观察，以揭示现象之间的关系。

“对照实验”是生物学实验中最重要的概念之一。在对照实验中，有两个或两个以上的相似组群（除了一切生物体所固有的变异性外，相似组完全相同）：一个是对照组，作为比较的标准；另一个是检验组，用于人们确定某种实验步骤的影响。人们通常使用随机取样的方法来编组，即用抽签或其他排除人为挑选的方法，把样品个体编入甲组或乙组。按照传统的实验方法，除要研究的那一个变数外，各组其他一切方面都应尽量相似，而且实验应该很简单。“一次变化一个因素，并把全部情况进行记录。”这一原则现仍广泛被采用，特别在动物实验方面。但是，有了现代统计方法的帮助，现在已有可能设计同时试验几个变数的实验了。

应该尽可能在研究工作的开头进行一项简单的关键性实验，以判断所考虑的主要假说是否成立。细节的计划则可稍后制订。因此，在对各部分检验之前，先进行整体检验往往是明智的。例如：当你想用纯细菌培养物再次引发疾病之前，一般最好先试着用带病组织传染；在检验化学分馏物的毒性、抗原性及其他影响前，应先检验其原始提取物。这一原则貌似简单、明显，但常遭忽视，从而浪费了时间。同样，这个原则还有一个应用，在初步检验某个定量因素影响时，通常最好在一开始就断定其在极端条件下，例如在使用大剂量的条件下，是否会产生什么影响。

与此十分相似的另一条一般原则是逐步排除的方法。有种猜谜游戏，提出诸如“动物、植物，还是矿物”等一连串问题，就很好地说明了这种方法。用逐步缩小可能性的方法，常常比直接但盲目的猜测能更快地找到未知数。该原则应用于称重时，当过重的和过轻的重量试过后，然后再试逐步接近的两个轻重极端。在用化学方法寻找一种未知的物质时，这种方法特别有用；但是这种方法也同样经常应用于生物学的各个分支中。例如，在研究某种疾病的起因时，有时，我们排除各种可能的选择方案，最后只剩下一个很窄的范围，以便集中精力进行研究。

在生物学上，开始的时候进行一种小规模的初步实验往往是一种好方法。除了经济上的考虑以外，在最初阶段就进行复杂的实验，试图对所有的问题做出全面的回答，往往很难得出理想的结果。不如让研究工作分阶段逐步进行，因为后面的实验可能要根据前面实验的结果加以修订。“试点”实验是初步实验的一种，常用于以人或家畜为对象的实验中。这是一种小规模的、往往在实验室进行的实验，旨在确定是否值得进行全面的现场实验。另一种初步实验是“观测”实验，目的是对主要实验的部署进行指导。让我们以传染因子或毒性因子的活体滴定分析为例。在“观测”实验中，稀释浓度的间隔可选得很大（如一百倍），用于每一种稀释度的动物数量很少（如两头）。在取得结果之后，在粗选的可能滴定区间，再将稀释度的间隔选得很小（如五倍），同时使用数量较大的动物群（如五头）。通过这种方法，我们便可用最少量的动物获得准确的结果。

所谓的“筛选”检验也是一种初步实验。这是用大量物质进行的一种简单的检验，目的在于找出其中一种值得进一步做的实验，以便用作譬如药物之类的东西。

偶尔，可以安排一种小型实验或者检验，以便短时间内指出某一设想中有没有什么东西本身佐证不够，不值得进行大型的实验。这类性质的简略实验有时可以如此安排：若是这样的结果，就有价值；若是那样的结果，就没有价值。然而，这里有一个最低的限度，即使是初步实验，把“规模”降低到这个限度之下也就没有用了。假如实验确实有进行的价值，则至少应将其安排得很有可能取得有用的结果。由于急躁或是缺乏资金，年轻科学家往往鲁莽行事，进行计划不周的实验，而这种实验几乎没有可能取得有意义的成果。有时，为一项复杂的实验须安排一些初步实验。只有在预期到这种初步实验有助于使复杂实验得出可靠结果时，才有理由进行这种简略实验。研究工作一定要在每一步确定无疑后才能进展到下一步，否则全部工作可以说是“草率马虎”。

作为一次成功的实验，其最基本的条件是要能再现。在生物学实验上，这一条件常常很难满足。在已知因素未变的情况下，如果实验的结果不同，往往说明是由于某个或某些未被认识的因素影响着实验的结果。我们应该欢迎这种情况，因为寻找未知的因素可能导致有趣的发现。正像我的一位同事最近对我说：“正是实验出毛病的时候我们得出了成果。” 然而，我们首先应该知道是不是出了错误，因为最常犯的是技术上的错误。

做实验的时候，在技术要点上采取极其审慎的态度是非常值得的。一种新技术的发明人，由于勤勉刻苦，对重要的细节小心重视，有时能够获得一些结果；这是其他对该课题不够熟悉、不够刻苦用心的研究人员难以重现的。就这一点而言，卡莱尔（Thomas Carlyle）[①] 所说的“天才就是无止境刻苦勤奋的能力”一语千真万确。赖特爵士（Sir Almroth Edward Wright）[②] 选用罗林斯（Rawlings）伤寒杆菌菌株作为预防伤寒的接种疫苗，就是一个很好的例证。直到最近，由于利用了某些新技术，人们才发现罗林斯菌株是一种极好的制作疫苗用的菌株。赖特当初慎重地选择了这种菌株，其理由在大多数人看来是微不足道的。西奥博尔德·史密斯是一位难能可贵

① 卡莱尔（1795—1881），出生于苏格兰的英国评论家、讽刺作家、历史学家。——译者

② 赖特（1861—1947），英国细菌学家、免疫学家。——译者

的细菌学大家，他在谈到研究工作时说：

> 决定结果的正是当我们在处理表面上微不足道、枯燥乏味而且不胜麻烦的细枝末节时，所采取的谨慎小心的态度。[17]

然而，应该有辨别能力。因为在工作中，若是在无关紧要的次要细节上大做文章，有可能会浪费时间。

对实验工作的全部细节做详尽的记录是一条基本且重要的规则。人们经常需要回过头来参看以前的某个实验细节，可能在过去进行实验的时候，还意识不到这个细节所具有的意义。这种情况发生之频繁是令人惊讶的。巴斯德保存的笔记就是这种精心记录全部细节的出色例证。除了为所做的工作和所观察到的现象提供可贵的记录外，做笔记也是促使自己进行细致观察的一种有效方法。

实验人员必须正确认识自己使用的技术方法，认识这些方法的局限性以及各种方法所能达到的精确程度。他们必须非常熟悉实验用的方法，才能把它应用于研究工作，并且必须能够取得稳定可靠的结果。任何方法都难免要出差错，难免会得出使人误解的结果，实验人员应能迅速发觉这类问题。如果可能，关系重大的估定和滴定分析都要用另一方法加以核对。科学家对于自己的仪器也必须有所了解。现代的复杂仪器常常很便利，但也并不都是稳妥可靠的。所以有经验的科学家常常避免使用这种仪器，以防产生给人以错误印象的结果。

在安排实验对象是人或珍贵家畜这种只能对之进行有限的对照时，常常出现一些困难。如不能满足对照实验的基本要求，则最好放弃这种尝试。这种说法看起来好像不言而喻，但是研究人员常常觉得困难太大，退而求其次做出一些无用的安排。如果找不到合意的对照组，单凭数量取胜绝不是办法。儿童接种卡介苗的经过就是一个极好的例子。卡介苗的接种是二十五年前采用的，当时认为它能使人们免于感染结核病。尽管二十五年来做了大量的实验，但是直到今天，卡介苗在欧洲人种免疫问题上是否有价值仍有争论。由于对照者都经不起严格的比较，大多数的实验都说明不了问题。威尔逊教授有关卡介苗接种的评论很好地说明了实验工作的困难和可能的危险。他的结论是：

> 这些结果表明，在从事以人为对象的对照实验时，非常重要的一点是保证受接种的儿童和作为对照的儿童在包括下列各种因素在内的各个方面都十分相像：年龄、种族、性别、社会、经济以及居住条件、智力水平、父母合作程度、感染疾病的可能性、享受幼儿保健等机构的福利，以及病时得到的治疗。[106]

威尔逊教授在谈话中向我指出：一种据称是对人类有效的药物，如果不在实际使用之前做过有决定意义的实验，那么想在其后用未经治疗的对照者进行实验，简直是不可能的。于是，这种据称是有效的药物被普遍采用，至于它是否真正有效，则无从得知。例如，巴斯德的狂犬病治疗法，从未经过充分的实验以证明这种治疗法对于被狂犬咬过的人有防治狂犬病的效能。因而，一些权威人士怀疑该疗法是否真有价值。但是，现在已经不可能再去进行这种实验了：不给受狂犬咬过的对照组的人进行治疗。

使各组处于不同环境之中，有时是现场实验中不可缺少的组成成分。在这种实验中，人们难以确定观察到的差异究竟是由观察的特定因素造成，还是由与不同环境相关的其他变量造成。有时，我们用这样的方法克服这个困难：照样再编成实验组和对照组，从而暴露，甚至消除环境造成的影响。如果不能排除那些观察到、但认为是外来的变量，那么，也许有必要使用一系列的对照组，或进行一系列的实验，以便把被比较的两个群体中每一已知的差异从实验上分离出来。

如有可能，应该用某种客观的尺度来评定实验结果。然而，这一点有时做不到。比如，当实验结果是关系到临床症状的严重性，或是对有机体组织结构变化进行比较时，对实验结果的评定可能会受到主观因素的影响。这时，应该保证对结果进行判断的人肯定不知道每一个个体属于哪一组，以保证其判断的客观性，这一点是重要的。不论科学家确信他自己是如何的客观，如果在进行判断时他知道哪些病例属于哪一组的话，就很难保证他的判断没有下意识地受到偏见的影响。一个责任心强的实验人员，由于意识到这种危险，甚至也有可能犯那种使他的判断偏向到与预期结果相反方向上的错误。当然，智力活动上完完全全的老实态度是实验工作的首要基本条件。

在完成了实验，尤其是必要时借助生物统计学评定了实验结果以后，应将实验结果与已知有关该课题的一切加以联系，做出解释。

实验的部署与评估

生物统计学，即把数理统计的方法应用于生物学，是一门比较新的学科。它对研究工作的重要性直到最近才得到普遍的承认。第一章已经提到了有关这个学科的著作，这里我不想多说，只想提请读者注意几个普遍性的规律，并强调指出研究人员要至少懂得这些一般原理的必要性。对统计方法略知一二，对于涉及数值的（任何形式）实验性或观察性的研究都是必不可少的；而对有一个以上变量的复杂实验，则更是如此。

首先，初做研究工作的人必须懂得：在实验部署阶段就必须考虑到统计学。否则，实验的结果可能没有进行统计学上处理的价值。因而，生物统计学不仅涉及实验结果的解释，而且也用于实验的部署。人们通常认为：除纯粹的统计方法外，生物统计学还包括把这些方法应用于实验时所涉及的各种更为广泛的问题，诸如实验设计的一般原则以及有关的逻辑性问题等。费歇尔爵士对生物统计学方法的发展做出了很大的贡献。他的著作《实验的设计》一书就讨论了这些问题。[39]

选择对照组和检验组时，首先要顾及逻辑和常识。举例说，人们通常犯这样的错误：加以比较的各组不在同一时间，即把今年获得的资料同前几年获得的资料加以比较。这样获得的证据，虽然可以做出一些有益的启示，但是绝不可能证明什么结果。“你手拿小桶把海水淘，如果赶上落海潮，你和月亮都有大功劳。”在生物学研究中，可能有许多意想不到的因素，影响着处在不同时间、不同地点的群体。在考虑了一般因素以后，应用统计方法决定必需的组群的大小，根据重量、年龄等等选择动物。并且，在考虑到这些因素的同时，将动物分入各组，而不失随意选择样品的原则。

由于生物固有的变异性，从来没有两个动物组或植物组是完全相似的。即使费尽苦心保证两组中所有的个体在性别、年龄、体重及品种等方面趋于相同，总还是会有一些由于迄今尚不能认识的因素所造成的差异。必须认识到，获得完全相似的组群是不可能的。

应对这一困难的方法是：估计到这种变异性，并在评定实验结果时加以考虑。在合理的范围内，最好为实验选择彼此差异很小的动物，但也不必千方百计去做到这一点。这种做法的目的是增加实验的敏感性。但亦可用增加组群中个体数量等其他方法来达到这一目的。在一定情况下，可用数学技巧来校正个体或组群之间的差异。

另一个解决实验用动物差异问题的方法是“配对”，即把彼此酷似的动物一一分对（如用一对孪生子或同胎动物）。把每一动物与其“对偶”加以比较，即可获得一系列的实验结果。采用一胎双生的动物，在数量上常常是非常经济的。当实验对象是购买价格与饲养费用高昂的动物时，这一点就很重要。新西兰进行的乳脂产量实验表明：每对同胎双生母牛提供的资料，不少于两组各自包括五十五头母牛所提供的资料。在生长率实验方面，同胎双生的小牛比普通小牛的用处要大二十五倍。[4]

在第一次试验某种实验步骤时，常常很难事先估计需要多少动物才能保证得到明确的结果。在使用价格昂贵动物的情况下，可先用少量动物进行实验，然后重复这个实验，直至累积的结果足以满足统计要求。这种做法也许比较经济。

统计学的一个基本概念是：被观察组群中的个体，是一个无限大的、假想的群体中的一个样品。我们现在有专门的方法能随意抽取样品，并能估计样品必需的大小使其足以代表整体。所要求的样品数量取决于物质的变异性，并取决于实验结果所能容许的误差大小，即所要求的精确度。

费歇尔认为：从前，过分强调了实验时一次只能变化一个因素的重要性。他指出：部署实验时，同时检测几个变数是有显著好处的。采用适当的数学方法，能使一个实验包括几个变数。这种做法不仅能够节省时间和精力，而且比分开处理每个变数能够提供更多的资料。之所以如此，是由于每个因素都从不同情况、不同角度受到考察，而且可以观测到各因素间的任何相互作用。实验上孤立地处理单一因素的传统方法，常常意味着对该因素的限定有些主观武断，并且是在受到限制、过于简化的条件下进行实验。但是，动物实验却不如植物实验那样常用复杂的、多因素的实验方法，虽然在做几种不同成分饲料组合的喂养实验时，采用这种方法很有好处。

当然，同任何其他研究技巧一样，统计学有其有用之处，也有其局限性。因此，必须认识到它在研究工作中恰当的地位和作用。其价值主要在于对假说的检验，而不在于着手新的发现。新发现的获得可能是由于考虑了最细微的暗示以及不同组群之间统计数字上最细小的差异，从而想到有可深入研究的东西；而统计学则往往关系到事先精心安排实验，用以检验一个已经形成的观念。此外，研究人员决不能为了给统计分析提供足够的数据，而在准确地观测以及细致地处理实验细节方面有所牺牲。

有一点是人们容易忘记的：在解释实验结果的时候，要用到常识，而利用统计学并不会减少这样做的必要性。在处理两组间存在显著差异的现场实验数据时，特别容易产生谬误。差异并不一定是由被考察的因素所造成的，因为可能存在某种其他的变数，其影响及重要程度还未被人认识。这不仅是学术上的可能性，许多接种实验，如预防结核病、普通感冒和牛乳腺炎中出现的混乱，都可作为例证说明这一点。在接种疫苗的同时，常伴随有良好的保健措施和其他条件，这些都可能影响实验的结果。从统计中可以看出：吸烟者的平均寿命不如非吸烟者的平均寿命长。不过，这并不一定说明吸烟就会缩短寿命。因为不吸烟的人可能在别的一些更重要的方面更加注意自己的健康。在精心设计的实验中，由于最初是随机取样的，因而保证了组群间能正确的比较；这时，这样的谬误就不会产生。

统计学家对于供他分析的数据，在可靠性和准确度方面，容易估计过高；如果他同时又不是一个生物学家的话，尤其如此。所以，实验人员应该声明，测量仅仅是进行到厘米、克或其他某个单位的数量级。统计学家能有一些生物实验方面的亲身体验是会对他有帮助的。而且，统计学家应该充分熟悉他所指导的实验的各个方面。统计学家和生物学家之间的密切合作常使他们能够运用受过教育的人所具有的常识，而不致陷入一大堆艰深的数学之中。

有时，由于著者将其实验结果仅作为平均数提出，从而导致科学报告因此有所损失。平均数往往提供不了多少资料，而且可能给人以错误的印象。应该给出出现次数的分布。并且，与个体有关的数字常常有助于形成一幅完整的画面。图解有时也给人以错误的印象，绘制图解所依据的数据须给予批判的审查。如果图解上标绘的点不够密集，也就是说观测的次数不够频繁，那么，用直线或曲线把这些标绘点连接起来有时是缺乏根据的。这些线段也许并不代表真实位置，因为我们不知道两点之间究竟出现了什么情况，例如，很可能出现了意想不到的上升或下降。

给人错误印象的实验

有关在研究工作中运用推理、假说和观察可能出现的风险将在本书章节适当加以讨论。为了防止出现任何对实验过分信赖的倾向，这里也应提醒读者：实验有时也会给人以十分错误的印象。出现差错的最常见原因是技术上的错误。实验人员必须对自己使用的技术规程极其熟练，否则就不能信赖实验的结果。即使是出自专家之手的技术方法，也要经常对照已知的“肯定”“否定”样本来进行检验。除了技术上的疏忽外，还有更难以捉摸的原因使一些实验“出毛病”。

亨特（John Hunter）① 故意让自己传染上淋病，以观察淋病是否是一种同梅毒有显著区别的疾病。但不幸的是，他用来接种的物质同时也含有梅毒菌，结果，两种疾病他都染上了。因此，很长一段时间里，他有一种错误的概念：两者是同一种疾病的表象。尼达姆（Needham）用清肉汤罐所做的实验使他自己和别人都相信自然发生是可能的。当时，还没有足够的知识来证明这种谬误究竟是由偶然的污染，还是由于加热不足未能保证完全消毒而造成的。近几年，我们见证了一次显然是成功的实验，证明了棒曲霉素对于普通感冒有治疗价值。统计学上的要求得到了满足。但是，迄今为止，从未有人证明得益于棒曲霉素，而第一次的实验何以获得成功至今仍是个谜。[24]

当我看到防止羊群发作肉蝇病的所谓米尔斯手术时，我认识到它的重要性。米尔斯的发现所具有的极大潜力大大地激发了我的想象力。我进行了一次数量达几千头羊的实验，而且，不等结果出来，就劝说研究肉蝇问题的同事们也在别的地方进行实验。大约一年以后得到结果，在我的实验羊群中，手术完全无效；其他人的实验，以及所有以后进行的实验都证明，这种手术对羊群极具保护价值。至于我的实验为何失败则找不出令人满意的解释。所幸我当初对自己的判断很有信心，所以劝说同事们也在国内其他地方进行了实验。因为，我当时假如更谨慎一些，假如等到结果出来后再说，就有可

① 亨特（1728—1793），苏格兰解剖学家、外科医生。——译者

能把这种手术的采用推迟许多年。

美国进行的几次大规模实验证明：免疫措施大大降低了 1943 年以及 1945 年流行性感冒的发病率。但在 1947 年，同样类型的疫苗却失败了。后来发现，这次失败是由于 1947 年的流感病毒菌株不同于前几年流行的那种，亦即用来制造疫苗的那种病毒菌株。

世界上不同地区的科学家，使用近似的生物体却得出相反的结果，这绝不是罕见的现象。这种现象有时可追溯到意想不到的因素，例如，实验豚鼠对白喉毒素有极为不同的反应，就可追溯到豚鼠饲料的不同。有时，尽管进行了充分的调查研究，仍然无法找出差异的原因。在美国伊顿（Monroe Eaton）博士的实验室里能使流行性感冒病毒在老鼠中蔓延，而在英国安德鲁斯（C. H. Andrewes）① 博士的实验室里就做不到，即使他使用了同样品种的老鼠和同样的病毒菌株、同样的笼子以及完全相似的方法。

我们必须记住：严格地说，实验结果有效，仅仅是对于实验进行时所处的条件而言，在生物学上尤其如此。在必然受到限制的条件下，所得到的实验结果究竟有多大的适用范围，关于这一点，在做结论的时候必须十分小心谨慎。

达尔文有一次半开玩笑地说："大自然是一有机会就要说谎的。"班克罗夫特（Wilder Dwight Bancroft）② 指出：所有的科学家由切身经历都知道，使实验得出正确的结果常常是多么困难，即使在知道该怎么做的时候也是如此。因此他说，对于旨在得到资料的实验，不应过分信任。[10]

上面援引的例子都是一些所得结果实际上是"错误"的，或是

① 安德鲁斯（1896—1988），英国病毒学家。——译者

② 班克罗夫特（1867—1953），美国化学家。——译者

给人以错误印象的实验。幸好，这些都是个别的例子。然而，更常见的是由于不知道确切的、必要的条件，致使实验不能证明什么。例如法拉第早期试图以磁铁获得电流的实验就一再失败。这样的实验表明，众所周知，证明否定命题是非常困难的。而且，对于从这样的实验中得到明确结论的愚蠢做法，科学家们往往是能识别的。据说，有些研究机构故意销毁“否定实验”的记录；此外，不予发表那些未能证实所要检验的假说的研究成果，是一种很可取的做法。

小结

大多数生物实验的基础是对照实验。进行对照实验时，以随机取样的方式将个体编入组群，这些组群除去需要进行研究处理的那个因素，其他各方面都应相同，并应考虑到生物体固有的变异性。先进行整体实验，后进行分部实验；并按步骤排除各种可能性，这是两项有用的原则。在进行实验时，密切注视细节，做出详细的笔记以及客观解释实验结果，都是很重要的。

生物统计学不仅用于实验结果的解释，而且用于实验的部署。生物统计学的一个基本概念是：有一个无限大的假想的群体，而检验组群或数据是从这群体中随意抽取的样品。生物体固有的变异性是实验中的一大困难。通过对变异性的估计，在评定实验结果时将此因素考虑在内，就可克服这一难题。

如同研究工作者所使用的其他手段一样，实验并不是万无一失的。不能从实验上论证一种假设，并不等于证明这种假设是不正确的。

第三章　机遇

"机遇只垂青那些懂得怎样追求她的人。"

—— 查理·尼科尔

实例

让我们先看几个发现中的实例来说明机遇在其中起了作用，这样来讨论机遇在科学研究中的作用就容易得多了。这些小故事据信都有可靠的来源，且都注明了出处，尽管很多故事参照了好几处的材料。本节只收入其中的十个，之后在附录部分又收入了其他的十九个说明机遇作用的故事。

巴斯德由于度假而中断了对鸡霍乱的研究，当他继续进行研究的时候却碰到了一个意想不到的障碍：几乎所有的培养物都变成无菌的了。他试图复苏这些培养物，然后再将它们移植到清肉汤中，并给家禽注射。这种再培养物大部分不能生长，而家禽也未受感染。他正想要丢弃一切、从头开始的时候，突然想到用新鲜培养物给同样的家禽再次进行接种。他的同事杜克劳（Duclaux）写道：

令大家吃惊的是：几乎所有家禽都经受住了这次接种，而先前未经接种的家禽，经过了通常的潜伏期以后，则全部死掉了。或许，这一点甚至连巴斯德自己也大吃一惊，他没有预料到这样的成功。

这促进了对减弱病原体免疫法原理的确认。[31]

细菌染色的最重要方法是丹麦内科医生革兰（H. C. J. Gram）①发现的。他叙述了在试图对肾切片显现双染色的过程中，他是如何偶然发现这种方法的。革兰希望把细胞核染成紫色，把细管染成棕色，所以用了龙胆紫，接着又用了碘溶液。他发现，这样处理过的组织，能用酒精使其迅速褪色，但是某种细菌仍保持蓝紫色。龙胆紫和碘意想不到地相互作用，并与一种只存在于某种细菌中的物质相互作用。从而，这一发现不仅提供了一种很好的染剂，而且提供了一种简便的实验法。事后证明，它在辨认不同的细菌方面有极高的价值[109]。

冯·梅林（Joseph Von Mering）②教授和闵可夫斯基（Oscar Minkowsky）③教授 1889 年在斯特拉斯堡研究胰脏在消化过程中的功能时，用手术切除了一个狗的胰脏。过后，一个实验助手发现这只狗的尿招来了成群的苍蝇。他将此事报告了闵可夫斯基。闵可夫斯基分析了尿液后，发现其中有糖。正是这一发现，使我们认识了糖尿病和后来用胰岛素控制糖尿病的方法。[22]不久前，苏格兰人邓

① 革兰（1853—1938），丹麦细菌学家、医生。——译者

② 冯·梅林（1849—1908），德国著名内科医生。——译者

③ 闵可夫斯基（1858—1931），出生于俄国的美国内科医生、病理学家。——译者

恩（Shaw Dunn）在研究肢体被严重压伤后致使肾损伤的起因时，他尝试了各种方法。其一是他注射了四氧嘧啶，发现四氧嘧啶能使胰脏的胰岛组织坏死。这一意外的发现给糖尿病的研究提供了极为有用的工具。[32]

法国生理学家里基特（Charles Richet）用实验室的动物试验海葵触手的提取物，以测定其毒素剂量。这时他突然发现：与第一次相隔一段时间，第二次只用微小剂量，便常可导致动物迅速死亡。起先，他对此大为震惊，简直不能相信这是他自己做出来的结果。他的确说过，发现诱导敏感作用或称过敏性，他是完全不自知的，况且，他原来还以为这是绝对不可能的。[22] 这种过敏现象的另一表现是由戴尔（Henry Dale）爵士独立发现的。他在给豚鼠的几条不随意肌注射血清时，突然发现有一条肌肉对马血清反应特别强烈。在寻找这一特别现象的原因时，他发现这只豚鼠在不久前曾注射过马血清。[27]

在对离体的青蛙心脏进行实验时，生理学家通常使用生理盐水作为灌注液。用这种方法可使青蛙心脏继续保持约半小时的跳动。一次，在伦敦大学医院，一位生理学家发现他的实验青蛙心脏连续跳动了好几个小时。他非常惊讶，大惑不解。他能想到的唯一可能的原因是季节的影响，而这一点他也确实在报告中提到了。后来，他发现这是由于实验助手在制作盐水溶液时用的不是蒸馏水而是自来水。根据这个线索，不难断定自来水中的哪些盐分引起了生理活动的增加。林格（Sidney Ringer）① 就是这样发现了这种以他命名的

① 林格（1836—1910），英国内科医生、生理学家。——译者

溶液。这种溶液对实验生理学的贡献颇大。[27]

德拉姆（H. E. Durham）① 博士记述了通过抗血清发现了细菌凝集的经过：

> 那是1894年11月一个值得纪念的早晨，我们都准备好了要用法伊弗（Pfeiffer）提供给我们的培养液和血清去检验他做的活体内诊断反应。格鲁伯（Gruber）教授对我喊道："德拉姆，这儿来，你瞧！" 在用血清和弧菌的合剂进行第一次注射前，他取了样品放在显微镜下，看到了凝集。几天以后，我们在用消毒的小玻璃罐制作合剂时，正巧小玻璃罐都没有消毒，所以我只好用没消毒的试管。放有培养液和血清混合物的试管插在那里片刻后，我喊道："教授先生，这儿来，瞧！" 出现在他眼前的是沉积现象！就这样，我们得到了两种可用的方法：微观的和宏观的。

这一发现出人意料，事先没有提出过假说。这是在另一研究工作的过程中偶然发生的。由于偶然找不到消毒过的玻璃管，发现了宏观的凝集现象。（承蒙迪安〔H. R. Dean〕教授示我以德拉姆的手稿。）

霍普金斯（Frederic Gowland Hopkins）② 被很多人看作是生物化学之父。他让他的实习班学生进行一项众所周知的蛋白质检验作为练习，但是所有的学生都得不出反应。研究揭示：只有使用一种含有杂质的醋酸，即二羟醋酸时，才能得到反应。这种醋酸

① 德拉姆（1866—1945），英国细菌学家。——译者

② 霍普金斯（1861—1947），英国生物化学家。——译者

以后就成为标准的检验试剂。霍普金斯根据这个线索做进一步研究，找出了蛋白质中与二羟醋酸相互作用的基。这促使他做出了著名的色氨酸离析。[88]

1915 年，韦尔（Weil）和费利克斯（Felix）在波兰研究虱子传染的斑疹伤寒病例。他们从一些病人身上分离出一种称之为“变形杆菌 X” 的细菌。他们认为，这可能就是疾病的起因。于是，他们用病人的血清进行这种细菌的凝集实验，得到了阳性的结果，但之后发现“变形杆菌 X”并不是这种疾病的致病微生物；然而，用这种微生物做凝集反应却是诊断斑疹伤寒的一种可靠而又特别可贵的方法。在做这种血清反应的实验研究中，韦尔和费利克斯确定了 O 和 H 的抗原及抗体。这一发现又为血清学写下了崭新的篇章。之后，他们又发现在马来西亚灌木丛中传染的斑疹伤寒对“变形杆菌 X19”不起凝集作用。奇怪的是，在英国获得的一种变形杆菌的新菌株，据信是变形杆菌 X19 的典型菌株，只与丛林斑疹伤寒病人的血清凝集，而不与城里传染（都市斑疹伤寒）的病人血清凝集。这种都市斑疹伤寒病人的血清却可令人满意地与世界上很多地方使用的变形杆菌 X19 菌株起作用。以后证实：丛林斑疹伤寒和都市斑疹伤寒是两种不同的立克次体病。英国送来的变形杆菌不但不是典型的变形杆菌 X19，而且其结果正好能够诊断出另一种疾病。这究竟是怎么回事，至今仍是个大大的谜。[37]

流行性感冒病毒能使小鸡红血球凝集，这一现象是赫斯特（G. H. Hirst）第一个意外观察到的。麦克莱兰（L. McClelland）和黑尔（R. Hare）在检验受病毒感染的鸡胚胎时也独立得出了这一发现：红血球与含有病毒的液体混合时凝集起来了。这些敏锐而又善于观察的科学家迅速跟踪了这一线索。这一现象的发现，不仅革新了我们有关几种病毒的技术，而且对于病毒与细胞二者关系这些根本性问题开创了研究的方法。[53, 60] 继此发现以后，很多研究人员用其他的病毒实验血液凝集，发现纽卡斯尔（Newcastle）疾病[①]、鸡瘟和牛痘都能引起这种现象。然而，又是由于偶然的观察，发现了腮腺炎病毒能引起血液凝集；以后，又发现鼠肺炎的病毒也能引起这种现象。

立克次体微生物（一种与病毒很接近的微生物）引起斑疹伤寒及其他几种重要疾病，而且难以培养。科克斯（Herald Rae Cox）[②]博士花了很多时间和精力去改进在组织培养中生长这种微生物的方法，曾经试图加进各种提取液、维生素和激素，但都没有收效。有一天，在进行实验准备时，用于组织培养的鸡胚胎组织不够了，为了凑足数量，他使用了在以前会同别人一样扔掉的蛋黄囊。以后，在检查这些培养物时，他“又惊又喜”地发现：在偶然放进了蛋黄囊的那些试管中，产生了大量的有机体。几天以后的一个晚上，他躺在床上时突然想到，把立克次体微生物直接接种到含胚胎卵的蛋黄囊中。他早上 4 点起床直奔实验室，第一次将立克次体微生物注射到蛋黄囊中，就这样发现了大量生长立克次体微生物的简便方法。这种方法革新了由它们引起的多种疾病的研究，并使得生产防止这些疾病的有效疫苗成为可能。（来自私人信件。）

① 家禽或其他鸟类的急性病毒性疾病。病症是肺炎和脑脊髓炎。——译者

② 科克斯（1907—1986），美国病毒学家。——译者

机遇在新发现中的作用

上述十个例子，加上收入在附录中的十九个例子，以及第四章和第八章中的一些例子，生动地说明了机遇在新发现中的重要作用。当我们想到研究工作通常遭到的失败和挫折时，这些例子就显得更加突出。也许绝大部分生物学和医学上的新发现都是意外做出的，或至少含有机遇的成分，特别是那些最重要的和最具革命性的发现。对于确实开辟了新天地的发现，人们很难做出预见，因为这种发现常常不符合当时流行的看法。我常常听到我的同事在谈及某个新发现时，带有几分歉意地说："我是偶然碰上的。" 虽然大家都以为机遇有时是做出新发现的一个因素，但是，其意义之重要很少为人们意识到，其作用之巨大似乎亦未被人充分理解和领会。有关科学方法的著作根本不提新发现中的机遇或经验论。

经验主义的发现中，最引人注目的例子也许在化学疗法方面。在这方面，几乎所有伟大的发现都是从一个虚妄的假说或所谓机遇观察出发而做出的。我在本书其他章节中描述了奎宁、六〇六（洒尔佛散）、磺胺、联脒、对氨基苯甲酸及青霉素医疗作用发现的经过。随后所做的理论性研究中，相对而言，每一种情况仅带来了很小的好处。当想到化学治疗方面所进行的理论性研究是如此之多，上述这些事实就更加令人感到惊奇。

认识了机遇在新发现中的重要作用，研究人员应该对此加以利用，而不应把它看作是一件怪事而忽略掉；或者更糟的是，将其看成有损发现者的声誉而不予考虑。虽然我们无法有意制造这种捉摸不定的机遇，但我们可以对之加以警觉，做好准备，一俟机遇出现，就认出它，并从中受益。仅仅意识到机遇的重要作用，对初做研究工作的人就可能有所帮助。我们需要训练自己的观察能力，培养那种经常注意预料之外事情的心情，并养成检查机遇提供的每一条线索的习惯。新发现是通过对最细小线索的注意而做出的。科学家那种要求有令人信服佐证的思想方法应留待于研究工作的求证阶段。在研究工作中，做出新发现所需要的思维方法不同于求证所需要的思维方法，因为发现和求证是不同的过程。我们不应把全副心思放在我们的假说上，以致错过或忽视了与之无直接关系的别的东西。考虑到这一点，贝尔纳坚持主张：尽管假说在实验的部署中十分重要，但是，一旦实验开始，观察者就应该忘却他的假说。他说，过分喜爱自己假说的人是不适于做出新发现的。（第八章中叙述的）关于贝尔纳从观察兔子排出清尿的事例出发进行研究工作的小故事，就是一个包含了因机遇、观察和有准备的头脑而做出新发现的出色例证。

“留意意外之事”是研究工作者的座右铭。

谈论研究工作中的运气不是明智之举，因为这样做可能扰乱我们的思想。用运气这个词仅仅表示机遇，是无可厚非的。但是在很多人看来，运气是个形而上学的概念，神秘地影响了事件的发生，这样的概念是不容许进入科学思维的。机遇也不是做出意外发现的唯一因素，这一点我们在下一节里要详细讨论。在上述的小故事中，如若研究人员不是留意任何可能发生的事情，许多机会很可能就被忽略过去了。一个成功的科学家对机遇所提供的每一意外事件或观测现象予以注意，并对那些在他看来大有希望者进行研究。在这一方面，亨利·戴尔爵士关于机会主义的说法很好。没有发现才能的科学家往往不去注意或考虑那些意外之事，因而在不知不觉中放过了偶然的机会。格雷格（Alan Gregg）①写道：

> 人们猜想：对大自然最细微的逸出常规的举动十分注意，并从中受益，这种罕见的才能是否就是最优秀研究头脑的奥秘，是否就是为什么有些人能出色地利用表面上微不足道的偶然事件而取得显著成果的奥秘。在这种注意的背后，则是始终不懈的敏感性。[48]

达尔文的儿子在谈到达尔文时写道：

> 当一种例外情况非常引人注目并屡次出现时，人人都会注意到它。但是，他（指达尔文——译者注）却具有一种捕捉例外情况的特殊天赋。很多人在遇到表面上微不足道又与当前的研究没有关系的事情时，几乎不自觉地，以一种未经认真考虑的解释将它忽略过去，这种解释其实算不上什么解释。正是这些事情，他抓住了，并以此作为起点。[28]

明确认识机遇的作用是极其重要的。发现的历史表明，机遇起着重要的作用，但另一方面，即使在那些因机遇而成功的发现中，机遇也仅仅起到一部分作用。由于这个原因，把意外的发现称之为“机遇发现”或“偶然发现”并不完全正确，容易造成误解。如果完全是偶然地靠机遇得出这些发现，那么，刚刚涉足研究工

① 格雷格（1890—1957），美国医生。——译者

作且没有经验的科学研究人员，就会做出同贝尔纳或巴斯德一样多的类似发现了。巴斯德的名言道出了事情的真谛：“在观察的领域中，机遇只偏爱那种有准备的头脑。” 真正起作用的是对机遇观察的解释。机遇只起提供机会的作用，必须由科学家去认出机会，并要抓住不放。

认出机遇的机会

一些简单的、貌似容易的观察导致了伟大而深刻的发现，使科学家因此成名。在阅读科学上的发现时，这类观察有时给人以深刻的印象。但是，在回顾的时候，我们看到的新发现已经有了众所公认的重要意义。最初，这种发现通常并不具有内在价值；发现者把这个发现和其他知识联系起来，或许利用它引申出新的知识，从而赋予这个发现以重要的意义。在涉及机遇的新发现过程中，所存在着的一些困难可按下列小标题加以讨论。

1. 机会稀少

以重要线索为形式的机会并不经常出现。这是唯一的方面，完全是机遇在起作用。但即使这样，科学家也并不是纯粹起被动作用的。成功的研究人员是长时间在工作台旁工作的科学家，他们不把自己的研究活动局限于传统的步骤，而是去尝试新奇的步骤，因而他们遭逢幸运“事故”的可能性就越大。

2. 注意线索

要注意到线索，往往必须具有敏锐的观察能力，特别是在注意预期事物的同时，保持对意外事物警觉性和敏感性的那种能力。在

《观察》一章中，要详尽讨论关于注意的问题，在这里只需说明这主要是个思维的过程。

3. 解释线索

解释线索，并抓住其可能具有的重要意义是一切方面中最困难的方面，只有“有准备的头脑”才能做到。让我们来看几个抓不住机会的例子。在科学发现史上，错过机会的例子，亦即虽注意到线索但未能认识其重要性的例子，简直不胜枚举。在伦琴（Röntgen）发现 X 射线之前，至少已经有另一个物理学家也注意到这种射线的存在，但他只能感到气恼而已。现在，好几个人都回忆起，在弗莱明（Alexander Fleming）① 深入研究进而发现青霉素以前，他们就曾经注意到用霉菌抑制葡萄球菌菌落的现象。例如，据说斯科特（Scott）曾说他就见到过这种现象，但是仅只感到讨厌。他反对那种认为弗莱明的发现是得力于机遇的观点。他说，做出发现主要是由于弗莱明具有敏锐的判断力，能够抓住别人放过的机会。[83] 爱德华兹（J. T. Edwards）也有一件有趣的事。[33]1919 年他注意到有一组“流产”布鲁氏菌的培养物比其他组繁殖得更为茂盛，而且上面沾染了霉菌。他请麦克法迪恩（John M’Fadyean）爵士来看，并提出这种现象可能有重要意义，但却被嗤之以鼻；直到后来才发现“流产”布鲁氏菌在有二氧化碳存在的情况下繁殖得更好。这就解释了为什么爱德华兹的培养物生了霉菌就繁殖得更好。博迪特（Budet）等人都曾无意中注意到抗血清使细菌凝集，但只有格鲁伯和德拉姆认识到其潜在的重要意义。同样，在托特（F. W. Twort）② 和德荷莱尔（Felix

---

① 弗莱明（1881—1955），英国细菌学家。——译者

② 托特（1877—1950），英国细菌学家。——译者

H. D'Herelle）[①]之前就有很多人看到过噬菌体溶解现象。伯内特现在就承认曾见到鸡胚胎红血球遇有流感病毒时凝集的现象，可能还有别人也见到过；但只有赫斯特、麦克里兰和黑尔抓住线索进行追踪。很多细菌学家都在各处见到过细菌菌落变异，但只有阿克赖特（Arkwright）进行了研究，发现变异与病毒性和抗原性的变化有联系。当然，现在这一点已成为免疫学和血清学中的一个基本事实了。

有时，机遇带给我们线索的重要性十分明显，但有时只是微不足道的小事，只有很有造诣的人，其思想满载着有关论据并已发展成熟，才适于做出发现，并能看到这些小事的意义所在。当头脑中充斥着一大堆有关的但却无紧密联系的材料，以及一大堆模糊概念的时候，一件小事可能有助于形成某种使之清晰的概念，将它们联系起来。这恰像是具有正确结构的微细晶体组成的晶核能使溶液中的物质形成结晶，也正像落下的苹果为牛顿的想法提供了雏形。苏特（Henry Souttar）爵士指出：正是由多年工作积累而成的观察者大脑的内容，使得那胜利的瞬间能够到来。关于机遇观察的这一方面，还要在有关观察和直觉的章节中进一步讨论。

任何思想敏锐的人，在研究的过程中都会遇到无数有趣的枝节问题，可以进一步研究下去。对所有这些问题加以研究，在体力上是办不到的。大部分不值得研究下去，少部分会出成效，偶尔会出现一次百年难逢的良机。如何辨别有希望的线索，是研究艺术的精华所在。具有独立思考能力，并能按其本身的价值而不是根据主宰当时的观念去判断佐证的科学家，最有可能认识某种确属新东西的

① 德荷莱尔（1873—1949），加拿大细菌学家。——译者

潜在意义。他也需要具有想象力和丰富的知识，来了解自己是不是有新的观察，来看到自己的观察可能有哪些意义。在决定是否应该进行某一方面的研究时，不应仅仅由于别人已经考虑过，或甚至已经做过而无成果，就予以放弃。这并不一定说明这个设想不好；很多具有经典意义的发现都曾被这样预期过，但直到适逢其人，才得以正确的开展。詹纳（Edward Jenner）[①]并不是第一个给人种牛痘来预防天花的人，哈维（William Harvey）[②]不是第一个提出血液循环假设的人，达尔文绝非第一个提出进化论的人，哥伦布（Christopher Columbus）不是第一个到美洲去的欧洲人，巴斯德不是第一个提出疾病的细菌学说的人，利斯特（Joseph Lister）[③]不是第一个用石炭酸作为伤口消毒剂的人；但正是这些人，充分发展了这些设想，迫使社会勉勉强强地接受了它们。因此，使这些发现得以成功的主要功劳，应归于他们。使发现得以成功的还不仅是新设想。其实，完全独创的设想是很少的。通常，深入研究某一设想的起源以后，人们发现，这个设想别人先前已经提出过，或是提出过近似的设想。尼科尔把这些早期的，一开始未予以深入研究的设想称之为“设想的先驱”。

利用机会

当一个新发现经过了上述的障碍，而终于到达为其创始者所认

① 詹纳（1749—1823），英国医生。——译者
② 哈维（1578—1657），英国医生。——译者
③ 利斯特（1827—1912），英国外科医生。——译者

识并理解的阶段时，至少还有三种情况会延误这个发现尽早为人们普遍接受。

4. 不能根据最初的发现做深入研究

最初的发现有时可能未被充分利用，因为科学家可能未对新发现深入追究，未能对其加以开拓。最有成就的科学家不满足于澄清手边的问题，而是在取得了某些新知识以后，利用它去揭示更新的知识，且往往是更具重要意义的知识。斯坦豪塞（Steinhaeuser）1840 年发现鱼肝油能治佝偻病。但是，在以后的八十年中，这个极为重要的事实始终未被证实，因而仍然只是一个看法而已[94]。1903 年史密斯发现：培养液中的能动杆菌可以是正常的运动形式存在，也可以是不能动的变异体存在。他还说明了这两种形式在免疫反应中的重要性。这一研究几乎没有被人注意，甚至是被遗忘的，直到韦尔和费利克斯 1917 年重新发现这一现象为止。这个现象现在已被看作是免疫反应中的一个基本事实。[91] 弗莱明在 1929 年就描述了青霉素的粗制剂，但几年以后却中断了这一工作，没有制出一种治疗用的药物。他没有得到别人的鼓励和帮助，因为像这类一无所成的事情人们知道得太多了。直到若干年以后，弗洛里（Howard Walter Florey）① 继续弗莱明的未竟之业时，才把青霉素发展成为一种药物。

5. 缺乏应用

新发现可能在若干年内没有用武之地。诺菲尔德（Neufeld）在 1902 年发现了一种测定肺炎双球菌菌型的快速方法；但是，直到

① 弗洛里（1898—1968），澳大利亚病理学家，1943年提得纯青霉素，用于医药。——译者

1931年采用特异型血清疗法之前，这种方法根本不具任何重要意义。兰斯坦纳（Karl Landsteiner）① 1901年发现人类的血型分类，但是直到1914—1918年第一次世界大战期间发现了抗凝血剂并采用了输血的方法时，兰斯坦纳的发现才变得重要，并引起人们注意。

6. 冷淡和反对

最后，新发现必定会受到人们出于怀疑并常常是反对态度的严厉批评。这可能是最难过的一关。也正由于此，科学家有时必须进行战斗；在过去，有的甚至要付出生命。对新观念的抵制心理，以及现实生活中对新发现的反对，将在以后的章节中讨论。

下面，我们集中叙述一下詹纳对牛痘接种法潜在意义的认识，以及他使用牛痘接种的经过，来说明本节和上节中的某些观点。接种天花病毒（种痘）进行人工免疫天花的方法在东方早已施行。有人说，公元前1000年②，中国就有将天花疱浆吹入儿童鼻孔的做法；也有人说，种痘是1000年从印度传入中国的。[12, 75, 108]18世纪中叶，种痘由君士坦丁堡传入了英国。在詹纳出生的时候，这种方法虽然尚不普遍，但已被采用。詹纳在十三岁到十八岁（学徒期间）时，注意到，格罗斯特郡的当地人相信，从牲畜身上感染过牛痘的人对天花免疫。詹纳发现，当地的医生大多都熟知这种传统的看法，但却未予以认真对待；尽管他们也碰到这样的情况：得过牛痘的人在接种天花病毒时不受感染。显然，詹纳记住了这件事，但在若干年中没有什么行动。回到乡村行医后，他对一个朋友吐露心意，说想试一试牛痘接种法，恳请他的朋友替他

① 兰斯坦纳（1868—1943），奥地利裔的美国病理学家。——译者

② 原文如此："1000 years B. C."。——译者

保密，因为怕万一失败会招人耻笑。与此同时，他进行其他方面的实验，勤奋刻苦，以锻炼自己精确观察的能力。他为亨特观察冬眠动物的体温和消化，为班克斯（Joseph Banks）试验农业肥料，自己还研究小布谷鸟怎样把同窝的雏鸟赶跑。他三十八岁结婚，生下儿子后，他给儿子接种猪痘，并证明了这个孩子后来对天花免疫。然而，没有一个同事，包括亨特在内，对詹纳用牛痘接种防治天花的设想感兴趣。他有关这个题目的第一篇实验性论文被退了回来，显然是被拒绝采用。直到四十七岁的时候（在值得纪念的 1796 年），他才第一次为许多人成功接种了牛痘。他从一个挤奶女工内尔姆斯（Sarah Nelmes）手上的脓疱中取出物质，给一个八岁的男孩菲普斯（James Phipps）接种。这个男孩因此出了名，就像在大约一百年后迈斯特（Joseph Meister）因是第一个接受巴斯德狂犬病治疗而离奇地出了名一样[①]。人们以为，这就是传统所说的牛痘接种的起源。但是，正如科学家发现史上的很多情况一样，问题并不那么简单、明确。至少有两个人在更早的时候就实际施行过这种手术，但未能继续进行下去。詹纳继续他的实验，于 1798 年出版了著名的《探究》，其中报告了约二十三个或因接种牛痘，或因自然感染牛痘，从而对天花免疫的病例。在这之后不久，牛痘接种便得到普遍的采用，并在全世界推广。尽管某些地方至今还有人在古怪地、耐人寻味地强烈反对，倒也无伤大雅。詹纳曾遭到辱骂，但很快就受到来自全世界的赞誉。[12, 75]

这段历史很好地表明了：认识一件新事物的真实意义往往是多

① 迈斯特一直在巴斯德研究所看门。1940年德国占领巴黎，迈斯特自杀。

么的困难。如不了解历史真相，人们可能以为詹纳对医学科学做出了一个很一般的贡献，不值得后人如此大加赞誉。但无论是亨特也好，还是詹纳的任何同事和同时代人也好，没有一个能预先透彻理解其潜在的重要性。然而在别的国家，也曾出现过类似的机会，但都被放过去了。自从这位具有实验头脑的詹纳本人对流行的看法发生兴趣，到进行具有经典意义、关键意义的实验，其间相隔了三十年。我们现在有了免疫和实验的观念，可能会对此觉得奇怪。但我们必须记住，这一设想在当时是多么革命，即使当时已经采用了种痘。别人虽有同样的机会，但却没有人研究牛痘接种法；詹纳花了整整三十年的时间才研究成功。这一事实表明：这是一个多么来之不易的成果。而且牲畜在当时为大多数人所嫌弃，因此，以牲畜的疾病来感染人类，这种设想更令人厌恶。人们预言了各种可怕的后果，什么“牛狂症”“牛面孩”。（还真的展出了一个！）同许多伟大的发现一样，这个发现并不需要广博的学识，主要是凭借胆识来接受一个革命的设想，并凭借想象来认识其潜在的重要意义。但是，詹纳也有要克服的实际困难。他发现母牛乳头易患各种疮伤，有些也传染给挤奶工，但却没有对天花免疫的效能。即使在今天，病毒专家要区分牛乳头各种疮伤也是很不容易的。而且，观察到的下述现象使情况变得更为复杂，即患过牛痘的牛不能因此免疫而不再次发作同样的疾病。这一点詹纳本人也注意到了。

詹纳的发现含有嘲讽的成分，这种成分常常使得科学界的轶事平添兴味。当代研究者们相信：多年来在世界各地使用的牛痘疫苗并不是牛痘，而是由天花派生的。其起源已无从查考，但看来牛痘和天花在早期就被混杂了，发展成了一种天花的减毒菌种而被错误地当作牛痘使用。

小结

新知识常常起源于研究过程中某种意外的观察或机遇现象。这一因素在新发现中的重要意义应得到充分的认识，研究人员应该有意识地去利用它。积极、勤勉、尝试新步骤的研究人员遇到这种机会的次数更多。要解释线索，并认识其可能的重要意义，就需要有不受固定观念束缚的知识，要有想象力、科学鉴赏力以及对一切未经解释的观察现象进行思考的习惯。

第四章　假说

"在科学上，设想的主要职责与其说是'真实'，不如说是有用又有趣。"

——威尔弗雷德·特罗特[①]

实例

我们先来看几个起源于假说的新发现，以便更好地讨论假说在科学研究中的作用。说明这类发现的一个最好例证就是哥伦布航行的故事，它具有科学上第一流发现的很多特征。（1）哥伦布全神考虑着一个设想：既然世界是圆的，他就能向西航行到达东方。（2）这个设想绝非他的首创，但显然他曾从一个水手那里获得了新的佐证。此人被大风刮离了航道，据他自己说，他在西方重登陆地，然后返航。（3）他好不容易才得到资助，得以检验自己的设想，而且，在进行实验性航行的过程中也历尽了艰辛。（4）最后成功的时候，他找到的不是预期的新航线，而是整整一个新大陆。（5）尽管一切佐证于他不利，但他仍然死死抱住自己的假说不放，并相信是自

① 特罗特（Wilfred Trotter，1872—1939），英国外科医生和生理学家。——译者

己找到了通往东方的航线。（6）他生前所获赞誉和报酬甚少。不论他自己或是别人都未充分认识到新发现的意义。（7）之后曾有证据说明，他绝不是到达美洲的第一个欧洲人。

莱夫勒（Friedrich Löffler）①在研究白喉的早期，证明了实验动物因注射白喉杆菌而死亡时，细菌仍留在注射点的附近。他认为动物死亡是由细菌的毒素所造成。根据这一假说，埃米尔·鲁（Emile Roux）②做了大量实验，企图证实细菌培养液中的这种毒素；虽做了很多努力，却都失败了。尽管如此，鲁仍坚信这一假说，最后孤注一掷，给豚鼠注射了三十五毫升大剂量的培养液滤液。奇怪的是，这只豚鼠在注射了如此大量的液体后居然当时没死。过了一些时候，他满意地看到，这只豚鼠死于白喉菌中毒。确认了这点以后，鲁很快就查明，他的困难是因培养液中细菌培养时间不够，从而产生的毒素不足所致。因而，增加细菌培养的时间就能制成毒性很大的滤液，这一发现促进了预防白喉的免疫法，并使抗血清用于治疗。[10]

根据冲动沿交感神经传导并引起化学变化从而在皮肤中生热的假说，贝尔纳切断了家兔颈部的交感神经，希望兔耳因此变凉。令他吃惊的是：该侧的耳朵却变得更热了。贝尔纳切断耳血管与通常使耳血管保持适当收缩的神经作用的联系，结果血液流量增大，耳朵变热。他起初并没有认识到自己行为的意义，完全偶然地发现了动脉中的血流量是由神经控制的这一事实。这是自哈维经典性的发现以后，对血液循环认识最重要的进展之一。贝尔纳说过：自 1841

---

① 莱夫勒（1852—1915），德国细菌学家，血清培养方法的发明者、白喉杆菌的发现者、口蹄疫病原的发现者。——译者

② 埃米尔·鲁（1853—1933），法国细菌学家、医生。——译者

年以来，他多次切断兔子的颈部交感神经，却没有观察到这些现象，直到 1851 年才首次看到。他的这段话正为观察领域内常有的事情提供了一个有趣而又重要的例证。在以前的实验中，贝尔纳把注意力放在瞳孔上，直到他注意面部和耳部时才发现了这些部位的变化。[44]

贝尔纳推断说：肝脏分泌糖分是由有关神经控制的，他猜想这就是迷走神经。因此，他试着穿刺第四脑室底该神经的起端，结果发现肝脏糖原作用显著增加，血糖增多以至于尿中出现糖分。然而，贝尔纳很快就意识到，尽管得到的结果很有趣、很重要，但是，实验所依据的假说却是十分错误的。因为即便切断迷走神经，还是能够得到同样的效果。贝尔纳再一次显示了他放弃原有推断、追踪新线索的能力。他在叙述这次经过时写道："对于我们正在研究的设想绝不应过于全神贯注。"从另一角度来看，这一项研究也是很有教益的。贝尔纳第一次成功地穿刺第四脑室造成糖尿病以后，无法再现这次实验，直至找到必要而精确方法时才得以成功。他第一次取得成功确实是很幸运的；否则，在接二连三的失败以后，他可能会放弃这一设想。

> 我们希望从这次实验中得出另一个具有普遍意义的结论……孤立地看待否定的事实绝不能说明任何问题。人们已经犯了多少这样的错误啊，现在也必定还在犯！绝对避免这类错误看来甚至是不可能的。[15]

直到 19 世纪末，人们对于所谓的产乳热这种乳牛疾病的性质和原因仍然一无所知。因为没有一个有效的治疗方法，很多宝贵的乳牛因此死亡。在丹麦的科尔丁（Kolding），一个名叫施密特（Schmidt）的兽医提出一种假说：这种疾病是一种自身中毒现象，由乳腺中“初乳小体和变性的旧上皮细胞”的吸收作用所造成。因此，抱着“制止初乳形成以及麻痹现存毒素”的目的，施密特为病牛乳腺注射碘化钾溶液。起初，他说在手术过程中让少量空气进入乳腺是有益的，因为能帮助游离碘释出。这种治疗方法非常成功。后来，施密特把在注射溶液同时注进大量空气看作是这种治疗的重要组成部分，理由是空气能把溶液推到乳腺各部。这种疗法被广泛采用，并以多种方式加以改良。不久以后，人们发现只注入空气也同样有效。在阐明产乳热生化过程的二十五年之前，这种以错误设想为依据的治疗方法就已被普遍采用；确实，我们至今仍不明了该疾病的基本原因，也不知道为什么注入空气通常就能治愈它。[81，82]

假说之所以能富有成效，不仅对其提出者是如此，而且还可能促使他人进一步发展假说。沃塞曼（Wassermann）本人证实：他用补体结合实验法检查梅毒这一发现，仅是由于有埃利希的侧链说才得以成功。沃塞曼检查法的这一发展还有另一个有趣的方面。由于得不到产生梅毒的螺旋体培养物，沃塞曼采用由梅毒造成之死胎的肝脏提取物作为抗原，他知道这种抗原中含有大量螺旋体。这一方法十分成功。过后很久才发现，其实不必仅采用有梅毒的肝脏，从其他动物的正常器官也能制出同样质地的抗原。至于这种抗原为什么能产生补体结合反应，并以此诊断出梅毒，至今仍是个谜。只有一点是肯定的：完全是偶然的设想促发沃塞曼使用肝脏提取物。但是，既然我们至今仍找不出合理的解释，若不是多亏了沃塞曼错误的但富有成效的设想，很可能我们现在还没有梅毒的血清检查法。

埃利希的设想奠定了化学疗法的基础。他的设想是：由于某些染剂能有选择地给细菌和原生动物染色，所以就有可能找到某种能够仅为寄生虫所吸收的物质，而且可杀死寄生虫却不损伤宿主。他对自己的设想坚信不疑，尽管长期不断受挫，一再失败，朋友们也劝他放弃这种看来无望的工作，他还是坚持了下去，直到发现锥虫红具有某种抗原生动物能力，才获成功。顺着这一成果提示的方向进一步研究下去，埃利希后来制成了对梅毒很有疗效的六〇六——这种砷的第六百零六种化合物。这或许是疾病研究史上的最好例子，说明科学家对一种假说的信心终于战胜了看来似乎不可克服的困难。故事讲到这里本可皆大欢喜，但是，正如常常发生的那样，在科学上，最后的评语必定是具有讽刺意味的。埃利希搜寻某种有选择性的被病原体吸收的物质，是由于受到自己坚定信念的鼓舞。他坚信，药物只有附着在有机体上才能起作用。但是我们今天知道，很多具有化学疗效的药物并不是有选择地附着在传染源上的。

然而，故事还没有讲完。埃利希早期的工作给了杜马克（Gerhard Domagk）[①]深刻的印象。埃利希的锥虫红属于偶氮染剂组，杜马克试验了大量属于该组染剂的效能。1932 年，他发现一种属于该系的染剂——百浪多息[②]，它对链球菌具有疗效，而且不损伤受感染的动物。这一发现标志着医药史上新纪元的开端。但是，当法国化学家特雷弗（Trefouël）着手研究合成这种药物时，他惊讶地发现，药物之所以有效并非由于它是染剂，而是由于其中包含了磺胺，而磺胺则根本不是染剂。这样，又一次，埃利希错误的设想

---

① 杜马克（1895—1964），德国病理学和病菌学家。——译者

② 一种磺胺类药的商品名。——译者

导致了堪称奇迹的发现。化学家们从1908年以来就知道磺胺的存在，但谁也没有任何根据来猜测它有治疗的功能。有人说，如果当初知道这种功效，那么仅在1914—1918年大战期间，磺胺就可以拯救七十五万条命。[8] 据说，埃利希早期对染剂的研究还促进了人们开始对现代抗疟药物“阿涤平”进行研究。如果没有这种药，盟军在太平洋的战争可能就不会胜利。

联脒是另一种根据假说发现的化学治疗物，用来杀死引起黑热病的利什曼原虫。研究开始时的设想，是用某种胰岛素衍生物干预寄生虫的自然代谢过程，特别是其葡萄糖的代谢。人们发现，有一种胰岛素衍生物——合成灵具有杀死利什曼原虫的特效，不过，当时用的稀释度之高是绝对不可能影响葡萄糖代谢的。这样，尽管假说是错误的，却导致了一组新的有用药物的发现。

在大不列颠和澳大利亚西部的某些地方出现了一种羊群的神经性疾病，叫作羊缺铜病①，原因多年不明。在澳洲西部，贝内茨（H. W. Bennetts）根据某种理由怀疑该病是由铅中毒所致。为了证实这种假说，他用铅的抗毒剂氯化铵来治疗羊群。第一次实验效果很好，但是后来的实验却不成功。这使人们想到该疾病是由于缺少某种矿物质所致，而在第一次使用的氯化铵中，可能存在少量这种矿物质。贝内茨根据这个线索进一步研究，很快就证实该疾病是由缺铜所致，而过去并不知道有因缺铜引起牲畜疾病的先例。用贝内茨自己的话说：

澳洲西部病原问题的解决是由证实错误假说时发现的偶然

① 即家畜摇摆病。——译者

线索所致。[14]

假说在研究中的运用

假说是研究工作者最重要的思维方法，其主要作用是提出新实验或新观测。确实，绝大多数的实验以及许许多多的观测都是以验证假说为明确目的来进行的。假说的另一作用是帮助人们看清一个事物或事件的重要意义；若无假说，则这一事物或事件就不说明问题。例如，在进行现场考察时，一个用进化论假说武装头脑的人就比没有这种假说武装的人能够做出许多更为重要的观察。假说应该作为工具来揭示新的事实，而不应将其视为自身的终结。

上面给出的实例说明了假说导致新发现的某些途径。首先引人注意的是这样一个奇怪而又有趣的事实：一个不正确的假说有时能非常富有成效，这一点培根也注意到了。有些实例是我们挑选出来，特别为了说明这一点的。但我们不应认为这些就是有真正代表性的实例，因为正确的猜测比错误的猜测更容易收到成效。况且，错误的猜测有时也会有用处的这一事实，并不能减损力求正确解释的重要性。然而，这些实例是现实的，因为绝大多数的假说后来被证明是错误的。

当第一次实验或第一组观测的结果符合预期结果时，实验人员通常还需进一步从实验上搜寻证据，方能确信自己的设想。即使假说为若干实验所证实，也只能被看作在进行实验的特定条件下才是正确的。有时，研究人员所要求的或需要的就是这点，因为他已经有了一个解决眼前问题的办法，或有了一个为某种理论所需要的假说，以便为进一步研究该问题进行部署。有时，假说的价值在于，以该假说为基点，将研究工作的新方向朝四面八方铺展，而且，把这种假说尽可能多地应用于各种具体情况。如果假说适用于各种情况，则可上升到理论范畴；如果深度够，甚至可上升为“定律”。然而，具有普遍性的假说却不能被绝对证实，这一点将在有关“推理”一章中加以说明；但是，在实验中，如果假说能经受住一种关键性的检验，特别是，如果这种假说符合一般科学理论的话，它就会被接受。

当第一次实验或观测的结果不能证实假说时，有时可用一种能起澄清作用的补充性假说来适应矛盾的事实，而不是一股脑儿地抛弃原来的假说。这种修正的过程可一直进行下去，直至主要假说滑稽地附加了一大堆特设条件。是否达到这一步，在很大程度上是个人的判断力和鉴赏力的问题。到此，大厦方始倾倒，而代之以另一座大厦，它更合理地综合了现今可以获得的一切事实。

有句有趣的俗话：除了它的创始人，谁也不相信假说；除了其实验者，人人都相信实验。对于以实验为根据的东西，多数人都乐于信赖，唯有实验者知道那许多在实验中可能出错的小事。因此，一件新事实的发现者往往不像外人那样相信它。另一方面，人们通常总是非难挑剔一个假说，而其提出者却支持它，并往往为之献身。我们在批评别人的建议时也应牢记这点，因为鄙弃他的意见就可能伤害他、打击他。假说是一件个人性质很强的事情，由此可以得出一个结论：科学家研究自己的设想通常比研究别人的设想效果更好。当设想被证明是正确的时候，即使没有亲自做工作，提出者也是既获得了个人的满足，又荣膺了主要的功劳。研究他人假说的人常常在一两次失败以后就放弃了，因为他欠缺那种想要证实它的强烈愿望；而需要的正是这种强烈愿望去驱使他做彻底的实验，并想出各种可能的方法来变化实验的条件。由于懂得了这一点，高明的研究工作指导者试图引导工作人员自己提出研究计划，以使他感到这是他自己的设想。

运用假说须知

1. 不要抱住已证明无用的设想不放

假说这个工具如果使用不当，则会引起麻烦。当我们证明假说与事实不符合的时候，就须立即放弃或修改它。这一点说起来容易，做起来却难。当自己绝妙的脑力劳动成果似乎能用来解释一些先前并不一致的事实，且大有做出进一步发展的希望时，人们在高兴之余，就容易忽视那种观察到的、与已经编织成的图案不协调的现象，或者试图把它解释掉。研究人员抱住自己有破绽的假说不放，无视相反的佐证，并不是很罕见的事；甚至故意隐匿矛盾的结果，也不是绝对没有的事。如果实验结果或观察到的现象与假说截然相反，如果必须用过分复杂或很不可能的补充假说来与之配合，人们最好还是放弃这种设想，不必为之遗憾。如能代之以新的假说，那么，放弃旧有假说就容易得多了。失望的感觉到时也会烟消云散。

达尔文和贝尔纳都有这样的特点：当观察到的事实违背假说的时候，他们随时都能放弃或修改假说。在发现假说不能令人满意时，想象丰富的科学家，比想象贫乏的科学家更容易放弃它。后一种人有更大的危险把时间白白浪费掉，因为当事实证明必须放弃某一观点时，他们抱住这一观点不放。津泽把死死抱住无结果设想不放的人生动地比作孵在煮过的鸡蛋上的母鸡。

另一方面，对假说的信念以及坚韧不拔的精神，有时是十分可贵的，正像引述有关鲁和埃利希的例子所说明的那样。同样，法拉第（Michael Faraday）[①] 尽管一再遭遇失败，仍然坚信自己的设想，直到最后，终于用磁铁产生了电流。正如贝尔纳所注意到的，否定结果往往不说明问题。顽固坚持一种在矛盾的佐证面前无立足之地的设想（情况一），与坚持一种虽然难以证实但并无直接佐证否定它的假说（情况二），二者之间有天壤之别。研究人员判断情况必须铁面无私。然而，即使在第二类情况下，也有这样的可能：如果毫无进展，那么最好放弃这个意图，起码是暂时放弃。这种假说可能是非常好的，但为证实它所需的有关方面的技术或知识也许还达不到。有时，一个项目搁置多年，直到获得新的知识，或科学家想出新的方法时，才得以重新进行。

2. 设想服从事实的思想训练

必须经常警惕这样的危险：一旦假说形成，偏爱可能影响观察、解释以及判断；“主观愿望”可能在不知不觉中发生。贝尔纳说：

> 过于相信自己的理论或设想的人，不仅不适于做出新发现，而且会做很坏的观察。

在进行观察和实验时，如不十分注意保持客观态度，就有可能

① 法拉第（1791—1876），英国物理学家和化学家，电磁场理论创始人之一。——译者

不自觉地歪曲结果，甚至孟德尔（Gregor Mendel）① 这样的伟大研究家也似乎陷入了这样的囹圄。如费歇尔[38]指出，孟德尔的结果就偏向他期望的结果。德国的动物学家盖特克（Gatke）坚信自己关于鸟类能高速飞行的观点是正确的。他在报告中说，在实际中观察到鸟类一分钟能飞行四英里。大家相信他说的是真话，但他被自己的信念所欺骗以致做出了错误的观察。[46]

防止这种倾向的最好方法，是养成一种使自己的意见和愿望服从客观证据的思维习惯，并培养自己对事物本来面目的尊重；还要经常记住，假说只是一种假定。正如赫胥黎（Thomas Huxley）② 雄辩所言：

> 我要做的是让我的愿望符合事实，而不是试图让事实与我的愿望调和。你们要像一个小学生那样坐在事实面前，准备放弃一切先入之见，恭恭敬敬地照着大自然指的路走，否则，将一无所得。

张伯伦（Chamberlain）提出了一个有趣的保障法[28]，即研究工作中多假说的原则。他的意见是，提出尽可能多的假说，在研究时牢记在心。这种精神状态能促使观察者寻求与每一种假说有关的事实，并赋予那些微不足道的事实以重要意义。虽则如此，我怀疑这种方法是否经常可行。更常用的办法是提出一系列的假说，选择可能性最大的来实验，然后，如果证明有所欠缺，再转向下一个。

---

① 孟德尔（1822—1884），奥地利科学家，近代遗传科学的奠基人。——译者

② 赫胥黎（1825—1895），英国生物学家。——译者

当达尔文遇到不利于自己假说的数据时，他特别记录下来，因为他懂得这样的数据比受人欢迎的事实更容易被遗忘。

3. 对设想进行批判地审查

人们不应过分急于接受一个能想到的猜测，即使作为一个实验性的假说，也要经过仔细推敲才能接受。因为意见一旦形成，再要想出其他可供选择的方案就不容易了。最危险的是那种似乎“显而易见”的设想，往往未经质疑就被接受下来。在肝硬变的情况下，吃低蛋白的饮食使器官尽量得到休息，看来似乎是十分合理的；但最近的研究表明，这正是最忌讳的，因为低蛋白的饮食能造成肝损伤。从未有人对那种让受伤关节休息的做法提过疑问，直到几年以前，一个大胆的人发现，做一套适当的运动可使关节更快恢复。多年来，农民有锄松地表土的习惯，相信这样做会减少水分因挥发而流失。基恩（B. A. Keen）证明了这种看法缺乏足够的实验基础，在大多数情况下，松土并不起任何作用。这样，他使社会节省了一大笔无用的开支。

4. 对错误的观念避之三舍

上面援引了一些实例，说明有些假设尽管错误，却可能出成效。虽则如此，绝大部分无用的假说必须被摒弃。更为严重的是：一些“幸存”的错误假说和概念，不但不能带来收获，而且实际上阻碍了科学的发展。一切矿物质中包含水银的旧观念以及燃素说就是例子。根据后一种理论，任何可燃物质内都含有一种燃烧时失去的成分，称为燃素。这种观念长时间阻碍了化学的发展，妨碍了对燃烧、氧化、还原等过程的理解。这一谬论直到 1778 年才由拉瓦锡（Antoine

Lavoisier）[①] 揭露。但是，在以后的一段时间内，英国大科学家普里斯特利（Joseph Priestley）[②]、瓦特（Watt）、和卡文迪什（Henry Cavendish）[③] 仍然坚持这种看法。普里斯特利则到 1804 年去世时仍未折服于新观点。

在科学的发展上，对严重谬误论见的揭露，其价值不亚于创造性的发现。巴斯德反对并战胜了自然发生的观念，霍普金斯则反对并战胜了把细胞质看作是一个巨大分子的半神秘概念。医学上的错误概念，不但阻碍发展，而且会带来很大的危害，造成不必要的痛苦。例如，费城著名的医生拉什（Benjamin Rush）曾以他所做的治疗为例：

> 我为一个新近抵达的英国人六天内放血十二次，血量为一百四十四盎司；其中二十四小时内放血四次；同样在这六天内，我给了他近一百五十粒的甘汞，其中药喇叭和藤黄（二者都是泻药）的比例如常。[66]

一旦相信了某种设想之后，就很难仅仅由于发现了相反的事实而放弃。只有在提出了更符合新事实的假说时，错误的设想才会被丢弃。

小结

假说是研究工作中最重要的智力活动手段。其作用是指出新实

---

① 拉瓦锡（1743—1794），法国化学家。——译者

② 普里斯特利（1733—1804），英国化学家。——译者

③ 卡文迪什（1731—1810），英国化学家和物理学家。——译者

验和新观测，因而有时导致新发现，甚至在假说本身并不正确时亦会如此。

我们必须十分注意，不使人们对自己的假说过于热衷，应力求客观地判断；一旦发现矛盾的事实，就修改它（或丢弃它）。要提高警惕，不使观察和解释受到假说的影响而歪曲。无人相信的假说，也可加以利用。

第五章　想象力

“有了精确的实验和观测作为研究的依据，想象力便成为自然科学理论的设计师。”

——约翰·廷德尔[1]

丰富的想象

本章和下一章，将简单讨论设想是怎样在头脑中产生的，以及哪些条件有利于创造性的思维活动。这里，我也照其他章节的办法，把确实是一个完整的题目武断分开，以便于对有关过程进行批判的考察。因此，本章所包括的很多材料应视为与“直觉”一章有关，而下一章内容的大部分也同样适用于“想象力”。

杜威（John Dewey）[2]把自觉思维分解为下列几个阶段。首先，对某种困难或问题有所意识，从而造成刺激。继而，一个想象的解决方法跃入自觉的头脑。理智只是现在才开始作用，对这一设想进

① 廷德尔（John Tyndall，1820—1893），英国物理学家。——译者

② 杜威（1859—1952），美国哲学家、心理学家和教育家。——译者

行考察，决定取舍。如果设想被摒弃，我们的思维活动则回到前一阶段，并重复方才的过程。我们必须懂得，重要的是：设想的形成不是有意识的、自觉的行为。它不是我们所做的事，而是我们身上发生的事。[29]

在平常的思维过程中，我们就这样不断“想到”设想，连接了各个推理的步骤。而且，我们对此习以为常，竟浑然不觉。以往的经验和训练在头脑中形成联想，通常，就从回忆这类联想的思想中直接产生了新的设想及新的配合。但是，偶尔在脑际也闪过某种特别独创的设想，并不以过去的联想，至少不以一开始就很明显的联想为基础。我们可能突然第一次看到了好几件事物或好几个设想之间的联系；或者，可能跃进了一大步，而不是像通常那样，当一对或一组设想之间的联系业已确立或显而易见时，只迈着小步子。这种大突变不仅当人们在自觉考虑问题时发生，而且也常常发生在人们并不思考什么的时候，或甚至在人们不很专注地做着旁的事情的时候。在后两种情况下，突变往往十分惊人。虽然这些设想与那些几乎不断出现而且不那么令人兴奋的设想之间，也许并无根本区别，而且也不可能截然区分。但是，为了方便起见，我们要在下一章以“直觉”为题把两类设想分别加以考虑。在本节里，我们将把注意力集中于创造性思维的几个一般特征。

杜威提倡那种他称之为“思考性思维”的东西，即反复思想一个问题，给予有步骤的和连贯的考虑，以区别于各种念头在脑海中自由运行。也许后一种情况最确切的名称叫梦幻。梦幻也有它的用处，下面就要谈到。但是，思维可以是思考性的，却又是效率不高的。思想家或急躁或怠惰，可能对产生的设想审度不够，也可能在得出结论时操之过急。杜威说很多人或是由于他们受不了那种精神上的不适，或是由于他们把疑惑状态看成是低劣的表现，而不能容忍这种状态。

> 要真正做到深思熟虑，我们必须有意去延续那种疑惑状态，因为这种状态是推动彻底探索的动力。这样就不至于在未获充足理由之前，就接受某一设想或肯定某一信念。[29]

也许，一个训练有素的思想家的主要特点在于，他不在佐证不足的情况下轻易做出结论；而未受训练的思想家则很可能这样做。

有意识地创造设想或支配设想的创造，是不可能的事。当某种困难刺激头脑时，想象的解决方法简直是自动地跃入意识。这些方法的多寡优劣，取决于过去对该问题的经验和训练对头脑的武装程度。我们所能有意识去做的，便是如此来武装自己的头脑，自觉地把思想引导到某一问题上，考虑这个问题，并审度半自觉的头脑所想出的各种建议。杜威说："思维活动中智力的因素是在建议提出后我们对建议所采取的行动。"

在其他条件相同的情况下，我们知识的宝藏越丰富，产生重要设想的可能就越大。此外，如果具有相关学科或者甚至远缘学科的广博学识，那么，独创的见解就更可能产生。正如泰勒（E. L. Taylor）博士所说：

> 具有丰富知识和经验的人，比只有一种知识和经验的人更容易产生新的联想和独到的见解。[90]

有重要的独创性贡献的科学家，常常是兴趣广泛的人，或是研究过他们专修学科之外科目的人。独创性常常在于发现两个或两个以上研究对象或设想之间的联系或相似之点，而原来以为这些对象或设想彼此没有关系。

在寻求独创性的设想时，放弃杜威提倡的那种有方向、受支配的思维活动，而任自己的想象驰骋，即梦幻，有时是有益的。哈丁（Harding）说，所有创造性的思想家都是幻想家。她对幻想解释如下：

> 就一个题目进行幻想，……就是有意使思想消极地集中在这个题目上，使其顺着思绪发生的轨道行进，只在不出成果时才停止。而一般来说，任其自然形成，自然分支，直至产生有用而又有趣的结果。[51]

普朗克（Max Planck）① 说：

> 人们试图在想象的图纸上逐步建立条理，而这想象的图纸则一而再，再而三地化成泡影，这样，我们必须再从头开始。这种对最终胜利的想象和信念是不可或缺的。这里没有纯理性主义者的位置。[70]

在如此思考的时候，很多人发现：把思想具体化，在脑海中构成形象，能激发想象力。据说，麦克斯韦（James Clerk Maxwell）② 养成了把每个问题在头脑中构成形象的习惯。埃利希也大力提倡把设想化为图形。这点我们可从他给自己的侧链说画的图看出。图画

① 普朗克（1858—1947），德国理论物理学家。——译者
② 麦克斯韦（1831—1879），英国数学物理学家，创立经典电磁理论。——译者

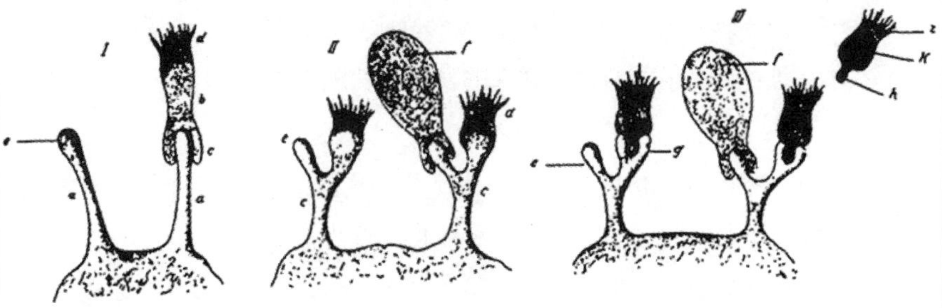

埃利希的侧链说（埃利希 绘）

的比喻在科学思维中能起到重要作用。德国化学家库勒（Kekulé）就是这样想到苯环的，这个设想使得有机化学彻底革新。他叙述了他是怎样坐在桌前写作他的化学教科书的：

> 但事情进行得不顺利，我的心想着别的事了。我把座椅转向炉边，进入半睡眠状态。原子在我眼前飞动：长长的队伍，变化多姿，靠近了，联结起来了，一个个扭动着，回转着，像蛇一样。看，那是什么？一条蛇咬住了自己的尾巴，在我眼前轻蔑地旋转。我如从电掣中惊醒。那晚我为这个假说的结果工作了整夜……先生们，让我们学会做梦吧！[56]

然而，物理学已经发展到这样的阶段：某些现象只能用数学的语言来表达，再也不可能用机械的比拟来表示了。

在研究传染病的时候，有时最好像贝尔纳那样，采取生物学的观点，把致病微生物看作是为继续生存而挣扎的物种；或者，干脆像毕生致力于斑疹伤寒研究的津泽打算对这种疾病采取的办法那样：在想象中，把疾病人格化。

特别是在物理学和数学中，追求普遍性结论的一个重要诱因，是对论据之间的条理与逻辑联系的喜好。爱因斯坦说：

> 没有什么合乎逻辑的方法能导致这些基本定律的发现。有的只是直觉的方法，辅之以对现象背后的规律有一种爱好。[35]

乔治（W. H. George）说：当观察者看到他视野内的物体构成的图案有一个空缺时，他产生了一种紧张的感觉。等到填补了空缺、图案的各部分各适其位时，观察者感到轻松、满意。普遍性的结论可以被看作是设想上的图案。[47] 这种体验就正像完成任何一项任务时所感受到的满足心情。这种心情也许与任何有关报酬的考虑毫无联系，因为它也同样适用于那些不重要的、自己规定的任务，如填字游戏、爬山或读书。如有人不同意我们的观点，或是出现了违反我们信念的事情，我们感到一种本能的气恼，其原因也许就是它破坏了我们已经形成的图案。

人的头脑有一种在事物中追求条理性的倾向，这一点并未逃过培根明察秋毫的慧眼。他警告我们要谨防这种倾向把我们引入歧途，使我们误信我们看到了一种高度的条理性与均衡性，而实际上却没有这么高的程度。

当人们做出新设想以后，就要予以判断。以知识为根据的推理，对日常生活和科学上的简单问题，通常足以敷用；不过，在研究工作中，要做出有效的推理，可用的知识往往不足。这里，人们只能仰仗“感觉”或“鉴赏力”。哈丁说：

> 如果科学家一生注意细致的观察，训练自己注意寻求类比，

使自己具备有关的知识，那么，这个“感觉工具”……就将成为神通广大的仙杖……在创造性的科学上，感觉起了主导的作用。[51]

写到想象力在科学上的重要性时，廷德尔说：

> 牛顿从落下的苹果想到月亮的坠落问题，这是有准备的想象力的一种行动。根据化学的实际，道尔顿（John Dalton）① 富于建设性的想象力形成了原子理论。戴维（Humphrey Davy）特别富有想象力；而对于法拉第来说，他在实验之前和实验之中，想象力都不断作用和指导着他的全部实验。作为一个发明家，他的力量和多产，在很大程度上应归功于想象力给他的激励。[95]

想象力之所以重要，不仅在于引导我们发现新的事实，而且激发我们做出新的努力，因为它使我们看到有可能产生的后果。事实和设想本身是死的东西，是想象力赋予它们生命。但梦想和猜测若无推理使它们作有益的用途，也只是胡思乱想而已。在奔放的想象中捕捉到的模糊想法必须化为具体的命题和假说。

虚假的线索

在探索新知识的过程中，想象力虽是灵感的源泉，但如不加以训练，也可能酿成危险；丰富的想象力须用批评与判断来加以均衡。当然，这绝不等于说要加以压制或扼杀。想象仅能使我们步入未知的黑暗世界，在那里凭借我们携带的知识的微光，可能瞥见某种似

① 道尔顿（1766—1844），英国化学家和物理学家。——译者

乎有趣的事。但是，当我们把它带出来细加端详的时候，往往发现它只不过是块废料，一时闪烁引起人们注意罢了。看不清楚的东西常常具有古怪的形状。想象既是一切希望和灵感的源泉，同时也是沮丧失望的缘由。忘记这点就会招致悲观绝望。

不管其起源如何，多数假说都被证明是错误的。法拉第写道：

> 世人何尝知道：在那些通过科学研究工作者头脑的思想和理论当中，有多少被他自己严格的批评、非难的考察，而默默地、隐蔽地扼杀了。就是最有成就的科学家，他们得以实现的建议、希望、愿望以及初步结论，也只不到十分之一。

任何有经验的研究人员都能证明这些话。达尔文甚至走得更远，他说：

> 我一贯力求保持思想不受拘束，这样，一旦某一假说为事实证明错误时，不论我自己对该假说如何偏爱（在每一题目上我都禁不住要形成一个假说），我都放弃它。我想不起有哪一个最初形成的假说不是在一段时间过后就被放弃，或被大加修改的。[28]（着重号为本书作者所加。后同。）

赫胥黎说，用丑恶的事实屠杀美丽的假说，是科学的最大悲剧。伯内特告诉我说，他想出来的“巧主意”绝大多数都被证明是错误的。

犯错误是无可非议的，只要能及时觉察并纠正就好。谨小慎微的科学家犯不了错误，但也不会有所发现。怀特黑德（Whitehead）这点说得好：“畏惧错误就是毁灭进步。”戴维说：“我的那些最重要的发现是受到失败的启示而做出的。”在发现设想有错误并做出反应方面，一个训练有素的思想家，比起没有受过训练的人，有极大的有利条件。前者不但从成功中得益，而且也从错误中吸取教训。杜威说：

> 使一个不惯于思考的人只能感到沮丧烦恼的事，…… 对于有训练的探究者来说，是动力和指针……它或是能披露新问题，或是有助于解释和阐明新问题。[29]

一个有创造性的研究工作者，往往不怕担风险犯错误，而且，在报告自己的发现前，进行严格的实验，寻找错误。不仅在生物科学中是这样，在数学上也是如此。哈达马（Jacques Salomon Hadamard）①说，优秀的数学家经常犯错误，但能很快发现并纠正；还说他本人就比他的学生犯错误更多。剑桥大学心理学教授巴特利特（Frederic Bartlett）爵士在评论这一说法时提出：测定智力技能的唯一最佳标准可能是检测并摈弃谬误的速度。[11] 利斯特曾说："我能想象到的人的最高尚行为，除了传播真理外，就是公开摈弃错误。"

乔治指出，即使是天资出众的人，他们的假说发生率虽很高，但也仅能超过其死亡率而已。

很多人认为普朗克的量子论甚至比爱因斯坦的相对论对科学的贡献更大。普朗克获得诺贝尔奖时说：

> 回顾……最后通向发现（量子论）的漫长曲折的道路时，我对歌德（Goethe）②的话记忆犹新。他说，人们若要有所追求

① 哈达马（1865—1963），法国数学家。——译者

② 歌德（1749—1832），德国大诗人、戏剧家。——译者

就不能不犯错误。[70]

爱因斯坦在谈到他的广义相对论的起源时说：

> 这些都是思想上的谬误，使我艰苦工作了整整两年，直到1915年我才终于认清它们确实是谬误……最后的结果看来似乎简单；而且任何一个聪明的大学生不会碰到太大的困难就能理解它。但是，那种在黑暗中对感觉到了却又无法表达的真理进行探索的岁月；在最后突破、豁然开朗时刻之前，那种强烈的愿望以及时而信心满怀时而忧心忡忡的心情，只有亲身经历过的人才能体会得到。[35]

也许亥姆霍兹（Hermann von Helmholtz）① 所写的，是关于这些事情最有趣、最能说明问题的故事：[58]

> 1891年我解决了几个数学和物理上的问题，其中有几个是欧拉（Lemonhard Euler）② 以来所有大数学家都为之绞尽脑汁的……但是，我绝不敢以此自傲，因为我知道，所有这些难题，几乎都是在多次谬误以后，通过一系列侥幸的猜测，才逐渐作为顺境中的例子的推广而得以解决的。这就大大削弱了我为自己的推断所可能感到的自豪。我欣然把自己比作山间的漫游者，不谙山路，缓慢吃力地攀登，不时要止步回身，因为前面已是绝境；突然，或是由于念头一闪，或是由于幸运，发现一条新

① 亥姆霍兹（1821—1894），德国物理学家、解剖学家和生物学家。——译者

② 欧拉（1707—1783），瑞士数学家、物理学家。——译者

的通向前方的蹊径；等到最后登上顶峰时，羞愧地发现，如果当初具有找到正确道路的智慧，本有一条阳光大道可以直达顶巅。在我的著作中，我对读者自然只字未提我的错误，而只是描述了读者可以不费气力攀上同样高峰的路径。

好奇心激发思考

同其他动物一样，我们与生俱来有好奇的本能。好奇心激发青少年去发现我们生活的世界：哪些坚强，哪些柔软，哪些可动，哪些固定。发现东西向下坠落，水具有称之为液体的特性，以及其他一切我们适应环境所必需的知识。据说，尚未具备精神反射的婴儿，不像成年人那样表现出“攻击－逃避”的反应，他们的行为反倒截然相反。到入学年龄时，我们通常已经过了这个发展阶段。那时，大部分的新知识是通过向别人学习，亦即：或是观察别人，或是别人告诉我们，或是阅读，而积累所得。我们已经具备了有关我们生活环境的实用知识；我们的好奇心若不是成功地转移到智力方面的兴趣上，则开始减弱。

科学家的好奇心，通常表现为渴望去认识那些他所注意到的，但尚无圆满解释的事物或其相互关系。所谓解释，通常在于把新观察或新设想同已经接受的事实或设想联系起来。一种解释可能是一种概括，它把一大堆资料联结在一起，成为一个有规则的整体，可以和现时的知识与信念联系起来。科学家通常具有一种强烈的愿望，要去寻求那些其间并无明显联系的大量资料背后的原理。这种强烈愿望可被视为成人型的好奇心或升华了的好奇心。热衷于研究工作的学生往往是一个具有超乎常人好奇心的人。

我们已经看到，认识到困难或难题的存在，可能就是认识到知识上令人不满意的现状，它能够激励设想的产生。不具好奇心的人很少受到这种激励，因为人们通常是通过询问其过程为什么作用、如何作用、某物体为什么采取现在的形式、如何采取，从而发觉难题的存在。当有人提出问题时，我们要努力自我克制，才能不去回答这个问题。这一事实证明，问题就是激励。

某些纯粹主义者主张科学家只应知其然，而不应知其所以然。他们认为：欲知其所以然就意味着，在事情安排的背后有着理智的目的；各种活动受着超自然力量的支配而达到一定的目标。这是目的论[①]的观点，已为现代科学所鄙弃。现代科学力求认识一切自然现象的作用过程。冯·布吕克（Von Bruecke）曾说：

> 目的论是一位任何生物学家缺之不能生存的女郎；然而生物学家却以在公共场合与她为伴而感到羞耻。

在生物学上，完全有理由问其所以然。因为一切事件都有其缘由，因为结构和反应通常都履行某种对有机体具有生存价值的功能，在这个意义上，他们是有目的的。问一个“为什么”有效地激发了对其可能的缘由或目的的想象。“怎么样”也是有用的问题，可引起对过程机理的思考。

科学家的好奇心是永远满足不了的，因为随着每一个进展，即如巴甫洛夫（Ivan Pavlov）[②]所说：“我们达到了更高的水平，看到了更

① 一种唯心主义哲学理论，认为任何事物均为其自身的目的或某种外在的目的所支配和决定。——译者

② 巴甫洛夫（1849—1936），俄国生物学家。——译者

广阔的天地，见到了原先在视野之外的东西。” 这里我们可以举一个例子，看看好奇心怎样促使亨特进行实验而有了一项重要的发现。

一天，亨特在伦敦郊外的里士满公园看见一只鹿的鹿角仍在生长。亨特好奇地想知道如果切断头部一侧的血液供给，将会发生什么情况。他做了一个实验，系住一侧的外颈动脉，顿时，相应一侧的鹿角冷了下来，不再生长。但是过了一会，鹿角又暖了过来，继续生长。亨特查明，结扎线还是好的，而是邻近的血管扩张了，输送了充足的血液。侧支循环的存在及其扩张的可能就是这样被发现的。在这以前，无人敢用结扎法治疗动脉瘤，怕引起坏疽。而现在亨特看到了可能性，他用结扎处理膝腘动脉瘤，就这样确立了今天外科上称为亨特氏法的手术。[52] 强烈的好奇心似乎是亨特多产智慧背后的推动力，奠定了现代外科学的基础。他甚至出钱让一个外科医生到格陵兰渔场去替他观察鲸鱼。

讨论激励思想

学术讨论常有助于创造性的思维活动。与同事或外行讨论问题，可能在下列某一方面有所帮助。

1. 别人可能提出有益的建议。他人很难直接指出摆脱困境的解决方法，因为他不可能比研究该问题的科学家拥有更多的专门知识。但由于有着不同的知识背景，他可能从不同的角度观察问题，提出新方法。甚至外行有时也能提出有益的建议。例如，采用琼脂作细菌学中的固体培养基就是柯赫（Robert Koch）① 的同事赫西（Hesse）

① 柯赫（1843—1910），德国细菌学家。——译者

的妻子建议的。[18]

2. 一个新设想可能由两三个人集中他们的知识或设想而产生。也许其中任何一个科学家单独都不具备必要的知识，用以得出将他们大家的知识结合起来所能得到的结论。

3. 讨论是披露谬误的宝贵方法。以错误知识或可疑推理为基础的设想，可以通过讨论得到纠正；同样，盲目的狂热可被遏制，并及时被制止。一个无法与同事谈论自己工作的、与世隔绝的科学家，常因追踪错误线索而浪费时间。

4. 开展讨论和交流观点往往使人振作，给人以激励和鼓舞，特别在人们遇到困难、感到烦恼的时候。

5. 我相信，讨论的最宝贵作用在于帮助人们摆脱那种已经形成了的、事实证明是无成效的思想习惯，亦即是说，摆脱受条件限制的思考①。受条件限制的思考这种现象将在下一节中讨论。

讨论必须在互相帮助、互相信任的气氛中进行。人们必须做出自觉的努力，以保持敞开的、善于接受他人意见的头脑。参加讨论的人数通常以不超过六人为宜。在这样规模的小组中，没有人会怯于承认对某些事物的无知，从而纠正错误。因为在知识高度专门化的今天，每个人的知识都是有限的。自觉无知和学术上的诚实，对研究人员来说，是两个重要的品格。自由讨论需要一种绝不因为是权威或甚至受尊重的意见而有所拘束的气氛。罗伯逊（Thorburn Brailsford Robertson）②讲过大生化学家洛布（Jacques Loeb）③的故事。当课后一个学生问洛布问题时，他回答得很有特点：

① 原文为 Conditioned Thinking。——译者

② 罗伯逊（1884—1930），澳大利亚生理学家和生物化学家。——译者

③ 洛布（1859—1924），出生于德国的美国生理学家。——译者

> 我回答不出你的问题，因为我自己还没有看过教科书的那一章。不过你明天来的时候我已经看过了，也许能够回答你。[74]

学生常常错误地认为，自己的老师无所不知，他们不知道教员要花很多时间备课；除了讲课讲到的那个题目外，他们的知识往往就不给人那么深刻的印象了。不仅一个教科书的作者不能把书中的全部知识装入脑中，而且，一篇研究论文的作者也要不时参看论文来回忆他自己所做研究的细节。

在实验室三五成群共进午餐或共用午后茶点是个好习惯，可提供大量机会进行这些非正式的讨论。此外，举行略微正式的讨论会或午茶会，在会上，研究工作人员提出在研究之前、研究之中以及研究结束后他们各自的问题，也是有益的做法。同一机构或部门的研究工作人员交流各自的兴趣和问题，对于促成一种激励思想的工作气氛大有好处。热情是具有感染力的，并且又是防止意气消沉的最好保障。

受条件限制的思考①

心理学家注意到，我们一旦犯了错误，比如把一大串数字加错了，往往有一再重复这个错误的倾向。这种现象被称为固执性错误。思考问题时情况也一样，我们的思想每采取特定的思路一次，下一次采取同样思路的可能性也就越大。在一连串的思想中，一个个观

① 受条件限制的思考是指受客观条件熏陶限制的思考，或受先入之见限制的思考，亦有称惯性思维。——译者

念之间形成了联系，这种联系每利用一次就变得更加牢固，直至最后，这种联系紧紧地建立起来，以致他们的联结很难被破坏。这样，正像形成条件反射一样，思考受到条件的限制。我们很可能具备足够的资料来解决问题，然而，一旦采用了一种不利的思路，问题考虑得越多，采取有利思路的可能就越小。正如尼科尔所说："面临困难的时间越长，解决困难的希望就越小。"

思考还会因向别人学习而受到限制，这种学习可以是通过别人口授，也可以是阅读别人的著作。在第一章里，我们讨论了不加批判的阅读对创造性的不利影响。确实，一切学习都使思想受到限制。然而，我们这里所说的条件限制，是对促成独创思想这一目的的不利影响。这就不仅牵涉到阅读了错误的观点，或受到错误观点的左右。因为，正如我们在第一章中所看到的：阅读，即使是阅读真理，对于独创精神也可能有不利的影响。

使我们的思想摆脱条件限制的两个主要方法是暂时的放弃和开展讨论。如果把问题搁置数天或数周再回到问题上来，这时，旧有的联想或部分地被遗忘，或变得淡薄。而且，我们常常得以从新的角度来看这个问题，从而产生了新的设想。把写好的论文搁置一旁数周的做法，很能说明暂时放弃的好处。等到回过头再来看的时候，先前被疏忽的缺陷暴露得十分明显，恰当的新见解也可能跃入脑际。

要突破业已固定了的陈旧思路，讨论是十分有益的。在给别人，特别是给一个不熟知本学科的人解释问题的时候，往往需要阐明并详述那些过去想当然的方方面面，而且，不能再采用眼前现成的思路。常有这样的情况：在讲解的时候，对方未发一语自己就想到了一个新念头。讲课时也有这样的情况，因为当教师在讲解的时候，他自己比以前"看"得更清楚了。对方的问题，哪怕是无知的问题，也可能使讲述者打破已形成的固定思路，即使只是为了讲清这一建议百无一用；而且，这可能使讲述者看到解决问题的新方法，或是看到先前未曾注意到的、两个或两个以上现象或设想之间的联系。提问题对思想产生的影响可比喻为拨火对火的助燃，它扰乱了原有的固定格局，带来了新的契合。由于扰乱了固定的思路，同不熟悉本学科的人进行讨论，可能帮助更大，因为亲近的同事之间很多思想习惯都是共同的。撰写对问题的评论可能与讲课一样有好处。

受条件限制的思考这一概念还有一个有益的应用，即在无法解决某一问题时，最好从头开始，若有可能，采用新的方法。例如，我曾试图发现引起羊腐蹄病的微生物，研究数年而无所得。我一再失败，但每一次我都用同样的方法重新开头：就是说，试图使用显微镜来选择有机体病原，然后在培养物中分离出来。这个方法似乎是最合理的方法。但是，仅在尝试了一切可能方法而不得不予以放弃时，我才想到了一个解决该问题的根本不同的方法，即用各种培养基实验混合培养物，以便能找到一种能致病者。按照这个方法，我很快就解决了这个问题。

小结

创造性思考起始于对困难的认识。解决问题的一种想法跃入脑海，或是被接受，或是被摈弃。思想中新的组合来自合理的联想、幻想，或有时来自偶然的境遇。想象力丰富的头脑产生大量多种多样的组合。在证据不足的时候，科学的思想家不急于做出判断，而是保持怀疑。想象力很少使人得出正确的回答，大多数的设想还必得被丢弃。研究工作者不应害怕犯错误，只要错误能及时得到纠正就行。

好奇心如不转到智力方面，则在童年之后就会衰退。作为研究工作者，他的好奇心通常用于寻求解释那些尚待理解的现象。

进行讨论常常有助于创造性思考，研究机构中每天进行三五成群的非正式讨论，很有好处。

一旦我们对一组资料进行了思考，则往往每次都会采用同样的思路，这样，就容易重复不利的思路。有两种办法帮助我们思想摆脱这种限制：一是把问题暂时搁置起来；一是同别人讨论问题，最好同不熟悉我们工作的人讨论。

第六章　直觉

“真正可贵的因素是直觉。”

——阿尔伯特·爱因斯坦

定义与实例

直觉一词有几种略微不同的用法，所以一开始就必须指出：直觉用在这里是指对情况的一种突如其来的顿悟或理解。也就是说，人们在不自觉地想着某一问题时，虽不一定但却常常跃入意识的一种使问题得到澄清的思想。灵感、启示和“预感”，这些词也是用来形容这种现象的，但这几个词常常还带有别的意思。当人们不自觉地想着某一题目时，戏剧性地出现的思想就是直觉最突出的例子。但是，在自觉地思考问题时突如其来的思想也是直觉。在刚刚得到有关资料时，这种直觉往往并不明显。很可能一切思想，包括在一般推理中构成渐进步骤的那些简单思想，都由直觉的作用产生。仅仅为了方便，我们在本章单独讨论那种更重要、更富有戏剧性的思想进程。

对于科学思维中直觉这一课题，曾做出宝贵贡献的有：美国化学家普拉特（W. Platt）和贝克（R. A. Baker），[71] 法国数学家彭加勒（Henry Poincaré）① [72] 和哈达马 [50]，美国生理学家坎农（W. B. Cannon）[22] 和心理学家华勒斯（Graham Wallas）② [99]。在写本章时，我自行援引了普拉特和贝克出色文章中的材料，他们二位用填写调查表的方式就这个题目调查了许多化学家。下述实例即引自他们搜集的材料。

> 我摆脱了一切有关这个问题的思绪，快步走到街上。突然，在街上某个地方——我至今还能指出这个地方——一个想法仿佛从天而降，来到脑中，其清晰明确犹如有一个声音在大声喊叫。
>
> 我决心放下工作，放下有关工作的一切思想。第二天，我在做一件性质完全不同的事情时，好像电光一闪，突然在头脑中出现了一个思想，这就是解决的办法……简单到使我奇怪怎么先前竟然没有想到。
>
> 这个想法的出现使我大为震惊，我至今还清清楚楚地记得当时的地点。[71]

克鲁泡特金亲王（Peter Kropotkin）③ 写道：

---

① 彭加勒（1854—1912），又译名庞加莱，法国数学家和物理学家，发现电磁场中的能流密度矢量（又译作坡印廷矢量）。——译者

② 华勒斯（1858—1932），英国社会学家、心理学家和教育家。——译者

③ 克鲁泡特金（1842—1921），俄国无政府主义者和作家。——译者

然后是接着几个月专注的思考，想要找出在零散的观测时出现的那种令人不解的混乱现象究竟意味着什么。突然有一天，如雷掣电闪，统统变得清晰明白……那种在长时间耐心的研究之后，突然诞生的一种概括，使我茅塞顿开，豁然开朗。这时的快乐是人生很少快事所能比拟的。

德国大物理学家亥姆霍兹说，在对问题进行了“各方面的研究以后……巧妙的设想就不费吹灰之力意外地到来，犹如灵感”。他发现这些思想不是出现在精神疲惫或是伏案工作的时候，而往往是在一夜酣睡之后的清晨，或是当天气晴朗缓步攀登那树木葱茏的小山时。

在达尔文已经想到进化论的基本概念以后，一天，他正在阅读马尔萨斯（Thomas Robert Malthus）[①]的《人口论》作为休息。这时，他突然想道：在生存竞争的条件下，有利的变异可能被保存下来，而不利的则被淘汰。他把这个想法记了下来，但还有一个重要问题未得解释，即由同一原种繁衍的机体在变异的过程中有趋异的倾向。这个问题他是在下述情况下解决的：

我能记得路上的那个地点。当时我坐在马车里，突然想到了这个问题的答案，高兴极了。

有一次，当华莱士在病中阅读马尔萨斯《人口论》的时候，也曾独

① 马尔萨斯（1766—1834），英国政治经济学和人口学家。——译者

立地想到了可用适者生存的观念来部分解释进化论。马尔萨斯清晰地阐述了人类数量增长所受到的各种遏制，并提到那些被淘汰的是最不适于生存的弱者。这时，华莱士想到在动物界里，情况也是大体相同。

> 模模糊糊地想着这种淘汰所意味着的巨大而不断的毁灭，我突然问道：“为什么有的死了，有的活下去？”答案很明白，一般来说，适者生存……然后，我突然闪过一念：这一自行作用的过程改进了人种……适者生存。然后，我突然似乎看到了它的全部影响。[98]

下面是梅契尼科夫自己叙述的有关细胞吞噬作用这一设想的起源：

> 一天，全家都去马戏团看几个大猩猩的特技表演。我独自留家在显微镜下观察一只透明星鱼幼虫中游走细胞的寿命。忽然，一个新念头闪过脑际。我突然想道：这一类细胞能起到保护有机体不受侵袭的作用。我感到这一点意义十分重大，非常兴奋，在房中踱来踱去，甚至走到海边去归整思想。[62]

彭加勒讲到，在进行了一段时间紧张的数学研究以后，他会到乡间去旅行，让自己不再去想工作。

> 我的脚刚踏上刹车板，突然有了一种设想……我用来定义富克斯（Fuchs）函数的变换方法同非欧几何的变换方法是一样的。[72]

又一次，在想不出一个问题时，他走到海边，然后“想些完全不相干的事情。一天，在山岩上散步的时候，我突然想到，而且想得又是那样简洁、突然和直截了当：不定三元二次型的算术变换和非欧几何的变化方法完全一样”。哈达马引用过数学家高斯（Karl Friedrich Gauss）[①]的一段经历。高斯写过关于他求证数年而未解的一个问题：

> 终于在两天以前我成功了……像闪电一样，谜一下解开了。我自己也说不清楚是什么导线把我原先的知识和使我成功的东西连接了起来。

直觉有时出现在睡眠之中，坎农说过一个突出的例子。格拉茨大学药物学教授洛伊（Otto Loewi），一天夜里醒来，产生一个极好的设想。他拿过纸笔简单记了下来。翌晨醒来，他知道昨天夜里产生了灵感，但使他惊愕万分的是：怎么也看不清自己做的笔记。他在实验室里整整坐了一天，面对着熟悉的仪器，就是想不起那个设想，也认不出自己的笔记。到晚上睡觉的时候，还是一无所得。但是到了夜间，他又一次醒了过来，还是同样的顿悟，他高兴极了。这回，他仔细地记录下来，才去睡觉。

> 次日他走进实验室，以生物学历史上少有的利落、简单、肯定的实验证明了神经搏动的化学媒介作用。他准备了两只蛙心，用盐水使其保持跳动。他刺激一只蛙心的迷走神经，使其

---

① 高斯（1777—1855），德国数学家、天文学家。——译者

停止跳动。然后他把浸泡过这只蛙心的盐水取出来浸泡第二只蛙心。洛伊满意地看到：盐水对第二只蛙心的作用，同刺激迷走神经对第一只蛙心的作用相同：搏动的肌肉停止了跳动。这就是世界各国对化学媒介作用进行大量实验的起源，化学媒介作用不仅存在于神经与它们影响的肌肉和腺体之间，而且也存在于神经单元本身之间。[22]

坎农说，他从青年时期起就常常得助于突然的、预见不到的顿悟。他常常脑子里想着问题去睡觉，第二天清晨醒来答案已是现成的了。下面一段说明了直觉的一种略微不同的用法。

长期以来，我靠无意识的作用过程帮助我，已成习惯。例如，当我准备演讲的时候，我就先想好讲哪几点，写一个粗略的提纲。在这以后的几夜中，我常常会骤然醒来，涌入脑海的是与提纲有关的醒目的例子、恰当的词句和新鲜的思想。我把纸墨放在手边，便于捕捉这些倏忽即逝的思想，以免被淡忘。这种作用对我来说又可靠又经常，我还以为人人都是如此。但事实证明不然。[22]

同样，我在写作本书时，常有随时出现的各种想法，有时出现在考虑本书的时候，有时亦在不考虑本书时。我把这些想法都潦草地记录了下来，过后再加以整理。

上述例子应足以使读者理解我使用直觉一词的具体含义，并认识直觉在创造性思维中的重要性。

多数科学家熟悉直觉这种现象，但并非个个如此。在普拉特和贝克调查的人群中，有 33% 的人说经常，50% 的人偶尔，17% 的人从未得力于直觉。从其他调查来看，我们知道有些人就他们本人所知，从未有过直觉，至少没有什么突出的直觉。他们不理解何谓直觉，并相信自己的思想仅仅来自有意识的思考。上述观点有些可能是由于他们对自己头脑的作用过程考察不足所致。

上述例子可能给读者造成错觉，以为所有的直觉都是正确的，或至少是有用的。果真如此，那就违背了前面所说有关假说和设想的一般情况。遗憾的是，直觉既然是人类易犯错误的头脑的产物，因此，绝不是永远正确的。根据普拉特和贝克的调查，7% 的科学家报告说他们的直觉一贯正确，其余的人估计：有 10% 至 90% 不等的直觉日后证明是正确的。即使如此，这也可能是个比实际情况更乐观的估计，因为成功的例子往往比失败的例子更容易被记住。几位著名的科学家曾说过，他们的大部分直觉后来都被证明是错的，现在也都忘了。

直觉的心理学

产生直觉最典型的条件是：对问题进行了一段时间专注的研究，伴之以对解决方法的渴求；放下工作或转而考虑其他；然后，一个想法戏剧性地突然到来，常常有一种肯定的感觉，人们经常为先前竟然不曾想到这个念头而感到狂喜甚或感到惊奇。

这种现象的心理作用现在仍未被充分理解。一般的，虽不是普遍的意见认为：直觉产生于头脑的下意识活动。这时，大脑也许已经不再自觉地注意这个问题了，然而，却还在通过下意识活动思考它。

前一章指出：在我们不曾有意识地构成设想的时候，设想就直接跃入了自觉的思考。显然，这些设想起源于头脑的下意识活动。这些活动，当用于某一问题时，立即把与眼前这一特定问题有联系的各种看法联结起来，找到一种有可能成为重要的组合后，就提交自觉的思考加以评定。我们自觉思考时出现的直觉，只不过是比往常更引人注目的设想而已。但是，想要说明对某一问题不再进行自觉思考时产生的直觉，则要多费一些笔墨。下意识地，头脑很可能仍在继续考虑这个问题，并突然找到了一种重要的组合。自觉思考时所产生的新设想，往往带来某种情感反应：人们感到高兴，或许还有点兴奋。也许，下意识的思考也能做出这种反应，其结果就是把设想送进自觉的思考。这仅是猜测而已。无疑，一个问题是可以继续盘踞下意识头脑的，因为我们大家共有的经历表明，有时一个问题"萦回脑际"，因为它不断地、无意识地出现在思想中。其次，毫无疑义，情感是经常伴随直觉出现的。

一些设想进入意识并被捕捉，但是否可能有一些未能进入自觉的思考，或仅是出现在瞬间，转眼又消逝了，就像谈话时想说但由于没有空隙而过后再也想不起的话一样？根据刚才简述的假说，与某一联想相联系的情感越强烈，设想进入意识的可能就越大。根据这一推断，人们可以预期：对解决问题抱强烈的愿望，并在科学事物上培养一种"鉴赏力"，这种做法会大有帮助。那些说自己从未有过直觉的科学家，是否在做出新设想时不感到高兴，或是否缺乏感情的敏感性，若能知道这点倒是很有意思的。

以上所述直觉的心理学概念，是与人们所知道的那些造成直觉的条件一致的。这就解释了以下两点的重要性：（1）摆脱争夺注意力的其他难题和烦恼。（2）一段时间的休息有助于直觉的出现，因为当自觉的思考在不断活动或过分疲劳时，可能收不到下意识思考传送的信息。颇有几个人是卧病在床时做出了著名的论断。华莱士是在发疟疾时想到了进化论中自然选择的观点，爱因斯坦也说他有关时间空间的深奥概括是在病床上想到的。坎农和彭加勒都说过躺在床上睡不着时产生了出色的设想。这也许是失眠的唯一好处。据说大工程师布林德利（James Brindley）每当遇到难题时，就一连几天睡大觉，直到解决为止。笛卡尔（Rene Descartes）[①]据说是早上睡在床上时做出他的发现的。卡恰尔也提到了早上睡醒以后平静的几小时。歌德等好些人都认为这段时间最有利于新发现。司各特（Walter Scott）[②]写信对朋友说：

> 我的一生证明，睡醒和起床之间的半小时非常有助于发挥我的创造性工作。期待的想法，总是在我一睁眼的时候大量涌现。

贝克认为：最理想的时间，是躺在澡盆中的时间；并提出：阿基米德之所以在沐浴时想到他著名的原理，是因为浴盆里条件最好，而不是因为他注意到了身体在水中的浮力。躺在床上或浴盆中之所以效果好，也许是由于完全不受其他干扰，还由于各种条件催人梦幻。还有人证明，悠闲或从事轻松的活动，如在乡间散步，或在花园里摸摸弄弄，做些琐碎的事，是很有好处的。杰克逊常劝说他的学生，在一天工作完毕以后，坐在一把舒适的椅子上，任思想围绕白天有趣的事物遐想，并随手写下产生的念头。

① 笛卡尔（1596—1650），法国哲学家、数学家和作家，大半生在荷兰度过。——译者

② 司各特（1771—1832），英国著名的诗人和小说家。——译者

为了生发出色的设想，尽管科学家需要有思考的时间，但暂时放下工作的好处，也许就在于能摆脱不利的、受条件限制的思考。精神高度集中地考虑一个问题，时间过久可能会造成思想堵塞，就像在竭力回忆一件从记忆中消失的事情时往往出现的情况。

华勒斯认为，直觉总是出现在意识的边缘而不是中心。他认为应该花力气去捕捉直觉，密切注视出现在思想的激流和回浪中，而不是主流中的有价值的设想。[99]

据说，有些人在直觉出现以前有某种预感。他们感到某种直觉性质的东西即将出现，但并不确切知道究竟是什么。华勒斯把这叫作“暗示”。这种奇怪的现象似乎并不普遍。

我的同事伯内特发现：他与多数人不同，多半在写作的时候，而不在休息的时候，产生直觉。我自己的体会是：连续数日集中研究一个问题以后，在我有意识放下工作时，这个问题仍不断进入脑中。不论是听演讲、参加社交晚会、听音乐或是看电影，我的思想都不断转向这个问题，然后，在自觉思考数分钟后，一个新的设想有时会出现。偶尔，在设想跃入意识之前，很少或可能根本没有进行自觉的思考。直觉出现前那种短暂的自觉思考可能类似于华勒斯的“暗示”，很容易被错过或忘记。许多人谈论过音乐的有益影响，但关于这点并无一致意见。我发现不论是看演出抑或是写作时，某些形式的音乐有助于直觉，但并非各种形式都如此。在感情上，音乐带给人的快感，近似于创造性思维活动带给人们的快感，而适当的音乐能帮助造成适合于创造性思维的情绪。

许多人在做出新发现或得到一种出色的直觉时，感受到巨大的感情刺激，这一点其他地方也提到了。这种感情的反应可能同对问题所付出的感情与思维活动量有关。与此同时，由有关该问题的工作所引起的一切烦恼沮丧，也顿时烟消云散。在这方面读一读贝尔纳精辟的说明是很有趣的：

> 那些没有受过未知物折磨的人，不知道什么是发现的快乐。

情感上的敏感性或许是科学家应该具有的一种可贵品质。无论如何，一个伟大的科学家应被看作是一个创造型的艺术家，把他看成是一个仅仅按照逻辑规则和实验规章办事的人是非常错误的。有些科学研究技巧方面的大师也表现出其他方面的艺术才能，爱因斯坦是一个热心的音乐家，普朗克亦然。巴斯德和贝尔纳早年都分别显露出绘画和戏剧写作的相当才能。尼科尔说过一个有趣而奇怪的事实：古代秘鲁语用同一个词“hamavec”来表示诗人和发明家这两个概念。[63]

探索与捕获直觉的方法

把许多人认为有助于直觉产生的条件做一扼要总结并系统列出，对读者可能是有益的。

1. 对问题和资料进行长时间的考虑，直至达到思想的饱和，这是最重要的前提。必须对问题抱有浓厚的兴趣，对问题的解决抱有强烈的愿望。要使头脑的下意识部分考虑这一问题，必须先连续数日自觉地思考这一问题。当然，头脑中思考的资料针对性越强，做出结论的可能性也越大。

2. 摆脱分散注意力的其他问题或有兴趣的事，特别是有关私生活的烦恼，这是一项重要的条件。

普拉特和贝克在谈到这两项先决条件时说：

> 即使你在上班时间非常认真地把自觉的思考用于工作，但如果对自己的工作沉迷不够，不能使思想一遇机会就下意识地去想它，或让一些更为紧迫的问题把科学问题挤了出去，那么，得到直觉的希望是不大的。

3. 另一有利条件是不受中断，甚至无被中断之虞，并摆脱一切使人分心的因素，如室内的有趣对话或突然发出的大声。

4. 多数人发现，在紧张工作一段时间以后，在悠游闲适和暂时放下工作的期间，更容易产生直觉。据有些人说：直觉最经常发生在从事不费脑力的轻松活动中，诸如乡间漫步、沐浴、剃须、上下班的时候。或许是因为这时思维不受干扰，不被中断，可自觉地思考，不很紧张、不致压制下意识思想中产生的有趣想法。有些人觉得躺在床上的时候最有利，有些人有意在睡前回忆一遍问题，有些人则在早上起身之前，有些人认为音乐具有有益的影响。但值得一提的是：认为自己受益于吸烟、喝咖啡或饮酒者寥寥无几。一种乐观的精神状态可能是有帮助的。

5. 与别人接触会对思维活动有积极的促进作用：（1）与同事或与一个外行进行讨论；（2）写研究报告或做有关的演说；（3）阅读科学论文，包括与自己观点不同的论文。在阅读与本课题无关的论文时，可吸收其作为技巧或原理之根据的概念，而这种概念可能会油然再现，成为与自己工作有关的直觉。

6. 在讨论了有意识地寻求直觉的思维方式以后，还留下一个重要的实际问题。人们都有这样的体会：新想法常常瞬息即逝，必须努力集中注意力，牢记在心，方能捕获。一个普遍使用的好方法是养成随身携带纸笔的习惯，记下闪过脑际的、有独到之见的念头。据说爱迪生（Thomas Edison）习惯于记下几乎每一个想到的意念，不管这个意念当时看上去多么微不足道。许多诗人和音乐家也用这个方法，如达·芬奇（Leonardo da Vinci）[①]的笔记就是在艺术中笔记妙用的范例。睡眠中出现的想法特别难于记忆，有些心理学家和科学家手边总带着纸笔，这对于捕捉出现在睡前醒后的意念也是有用的。在阅读、写作或进行其他不宜中断的脑力活动时，想法常常出现在意识的边缘。这些想法应立即草草记下，这样做不仅保存了这些想法，而且达到将他们“置于脑后”的目的，以免干扰主要的问题。要集中注意力，就不能让那些停滞在意识边缘的想法去干扰思想。

7. 我已经提出了三种非常重要的不利因素：中断、烦恼以及会引起注意力分散的其他兴趣。做好思想准备，使头脑高效率地思考问题，同时在意识的边缘持有大量有关的资料，做到这点需要时间。中断会破坏这种微妙的心理状态，破坏情绪。还有，脑力和体力上的疲劳，工作过度（特别是在压力下工作），小的刺激以及确实起干扰作用的噪音，都会影响创造性的思考。这些看法，与第十一章所说有时最优秀的研究是在逆境和精神紧张中做出的看法并不矛盾。在第十一章中，我主要指的是那些生活中根源极深的难题，这类难题往往驱使人们工作，以便逃避现实。而本章中我谈的则是日常生活中的直接问题。

---

① 达·芬奇（1452—1519），意大利画家、雕刻家、建筑师、工程师和科学家。——译者

科学鉴赏力

讨论“科学鉴赏力”的概念在此处似乎最宜。哈达马等人进行了有趣的观察，说：“恰如文学鉴赏力和艺术鉴赏力的存在一样，也存在着一种科学鉴赏力。”[50]戴尔谈到了“我们称之为本能判断的下意识推理”[27]，奥斯瓦尔德提及“科学本能”，有些人则在这方面用“直觉”“感觉”等词表示同样的意思。但以我之见，不如称其为专业鉴赏力更为准确。这也许与某些科学家所喜欢用的“个人判断”一词同义，但我认为“个人判断”还不如“鉴赏力”说明问题。也许更确切地说，鉴赏力是以个人判断为依据的东西。

也许最好把鉴赏力描述为美感或审美敏感性，其是否可靠，取决于个人。具有鉴赏力的人仅仅是感觉到某一方面的工作本身有价值，值得深入研究，但也许并不知其所以然。感觉的可靠程度如何，完全取决于结果。科学鉴赏力的概念还可有另一种解释：善于发现有发展前途的研究方向的人，比别人更有远见，能看到研究工作可能产生的结果。因为他具有运用想象力遐思远望的习惯，而不把自己的思想局限于已有的知识和眼前的问题。他也许不能明确说出缘由，或形成具体的假说，因为他看到的也许只是模糊的暗示：一两个关键的问题会因此解决。

非科学性事务上的鉴赏力，表现在写作时的遣词造句。人们很少需要通过语法分析来检查语言是否正确，通常我们只是“感觉”到句子对不对。优美确切的英语，大半是自然产生，归功于我们通过遣词造句训练得来的鉴赏力的作用。在科学研究中，鉴赏力在以下几个方面起着重要作用：选择有前途的研究题目，识别有希望的线索，产生直觉，在缺乏可供推理的事实时决定行动方案，舍弃必须大加修改的假说以及在未获决定性佐证时形成对新发现的看法。

虽然人们所具有的科学鉴赏力与其他方面的鉴赏力一样，程度可能各不相同。但是，也可以通过训练自己对科学的理解，如熟悉有关新发现进行的经过，来培养这种鉴赏力。与其他鉴赏力一样，科学鉴赏力只有在真正热爱科学的人中间才能发现。我们的鉴赏力来自别人的经验、自己的经验和思想这三者全部的总和。

也许有些科学家觉得，难以理解鉴赏力这样抽象的概念，有些人则认为不能接受，因为科学家的全部训练都是旨在使他消除工作中的主观因素。没有人反对最大可能程度上排除主观因素对实验、观察和技术步骤干扰的这一原则。但在科学家的思想上，这样的原则能贯彻到什么程度还有待讨论。多数人不知道：常常自认为以推理为根据的许多观点，实际上只不过是合理化了的成见或主观动机而已。有相当部分的科学思维并无足够的可靠知识作为有效推理的依据，而势必只能主要凭借鉴赏力的作用来做出判断。在研究工作中，我们常常被迫对直接证据十分不足的问题采取行动。因此，与其欺骗自己，不如正视主观判断这一事实，并接受科学鉴赏力这一似乎有益的概念。我认为这样做是明智的。但是，接受这一概念并不等于说，在有充分的佐证足以做出客观推理的判断时，也以鉴赏力来指导科学研究。我们决不能让“科学鉴赏力”这样的词语迷住眼睛，从而看不见主观思维所具有的危险。

小结

此处直觉意指突然跃入脑际的、能阐明问题的思想。直觉并非绝对正确。

最有利于产生直觉的条件如下：（1）必须以对问题的持续自觉思考来做思想上的准备。（2）使注意力分散的其他兴趣或烦恼有碍于直觉的产生。（3）多数人必须不受中断和干扰。（4）直觉经常出现在不研究问题的时候。（5）通过诸如讨论、批判地阅读或写作等与他人进行思想接触，对直觉有积极的促进作用。（6）直觉来无影去无踪，因此必须用笔记下。（7）除中断、烦恼和分散精力的其他兴趣外，不利影响还有：脑力和体力的疲劳，过度地工作于一项问题，琐事的刺激以及噪音的干扰。

在科学研究中，我们的思想和行动常常不得不受以科学鉴赏力为依据的个人判断的指导。

第七章　推理

“新发现的获得应是一种奇遇，而不应是思维逻辑过程的结果。敏锐的、持续的思考之所以有必要，是因为它使我们始终沿着选定的道路前进，但并不一定会通向新发现。”

——西奥博尔德·史密斯

推理的限度与危险

在论及科学研究中推理的作用之前，先讨论一下推理的局限性可能会有益处。人们对这些问题的严重性往往估计不足，因为我们的科学概念得自教师和著作家，他们是按照逻辑上的安排，而很少是根据实际获得知识的方式来阐述科学的。

日常经验和历史告诉我们，在生物学和医学中，推理的进展能超越事实而不误入歧途是极罕见的。主宰中世纪的经院哲学、权威主义与科学格格不入，全然二致。文艺复兴时期，人们的观点有所变化：按照事物的本来面目去观察事物的强烈愿望取代了那种事物应该并必须按照公认的观点（大多源于经典著作）而表现的信念，人类的知识再度有所发展。培根对科学的发展有很大的影响，我认为这主要是由于他证明了绝大多数的新发现是凭经验，而不是通过运用演绎逻辑做出的。1605年，他说：

> 人类主要凭借机遇或其他，而不是逻辑，创造了艺术和科学。[6]

1620年，他又说：

> 现时的逻辑方法仅有助于证实并确立那些建立在庸俗观念基础上的谬论，而于探求真理无补，因而弊多利少。[7]

后来，法国哲学家笛卡尔使人们认识到推理能导致无穷的谬误。他的金科玉律是：

> 除非其真实性显而易见、毋庸置疑，否则，决不可绝对赞同任何主张。

所有的儿童，其实我们甚至可以说，所有的幼年脊椎动物，都发现了万有引力。然而，现代科学的全部知识竟然无法圆满地“解释”这种现象。推理和逻辑作为一种方法，若没有相关的经验性知识，不仅不足以发现万有引力，而且，即使是古代希腊罗马时期使用的全部推理和逻辑，也未曾使当时的智者正确地推断出有关万有引力的基本事实。

现代哲学家席勒（F. C. S. Schiller）① 对于逻辑在科学中的应用有过精辟的评价，我要援引下面这一段：

① 席勒（1864—1937），出生于德国的英国哲学家。——译者

> 对科学行动步骤进行逻辑分析，实在是科学发展的一大障碍……逻辑分析没有去描述科学实际发展所凭借的方法，并且没有得出……可用以调整科学发展的规则，而是任意按照自己的偏见重新安排了实际的行动步骤，用求证的规程代替发现的规程。[80]

在写作科学论文时所普遍采用的方法，助长了人们对逻辑学家观点的信赖。通常采用的那种逻辑上表达结果的方法，既不是按照时间先后，又不是详尽说明实际进行研究的经过，因为这样做就常常令人沉闷费解，而且从常理来看也浪费笔墨。奥尔伯特在他有关科学论文写作的书中，尤其主张不写研究经过而按推理叙述。

这里我们再次引用席勒的话，他采用了极端的见解：

> 科学家越推崇逻辑，他们推理的科学价值就越低，这样说是绝不过分的…… 然而，使社会感到幸运的是：绝大多数科学伟人幸而对逻辑传统概念一无所知。[80]

他接着说，逻辑学是从规导希腊学校、集会以及法庭中的辩论而发展起来的。在那种地方，必须判断谁胜谁负，逻辑学即服务于此目的。但是，人们不应因逻辑学全然不适用于科学而感到诧异，因为逻辑学的目的本不在此。许多逻辑学家着重指出：逻辑学所关系的是正确性与确实性，与创造性思维完全无关。

席勒进而批评说：传统逻辑学不仅对获得新发现没有什么价值，而且，历史已经证明，在新发现公布以后，对于认识其确实性并保证其为公众接受也没有什么价值。确实，逻辑推理常常有碍于接受新的真理，伟大的发明家常受迫害的事实就证明了这一点。

> 人类获得新发现之艰苦缓慢，以及对于在无准备或不希望它们发生的情况下而发生的那些最明显的事实视而不见，这种种当足以证明逻辑学家对新发现的解释有着严重的缺陷。

席勒主要反对的是19世纪下半叶某些逻辑学家阐述科学方法的观点。大多数研究科学方法的现代哲学家并不把获得新发现的艺术包括在科学方法内，他们以为这不属于他们研究的范畴。他们关心的是科学的哲学含义。

关于推理在科学知识发展中所起的不良作用，特罗特[94]也说了几句逆耳之言。他说：与经验法比较，不仅运用推理获得新发现的寥寥无几，而且，科学的发展常因以推理为依据的错误教条而受阻碍。特别在医学方面，全凭推理为基础的习惯做法往往流行了几十年或几百年，才有一个敢于独立思考的人提出疑问，而且在很多情况下他都证明这些做法害多益少。

逻辑学家将归纳推理（即从个别事例到一般原则，从事实到理论）和演绎推理（即从一般到个别，将理论运用于具体事例）区分开来。进行归纳的时候，人们从观察中得到的资料出发，加以概括，从而解释观察到的事物之间的关系。而在运用演绎推理时，人们从某一普遍法则出发，将其运用于具体事例。因而，演绎推理得出的结论是受原始前提制约的，原始前提如正确，结论也就正确。

由于演绎法是将一般原理推广应用于其他事例，就不可能导出新的概括，因而也不可能在科学上有较大的进展。另一方面，归纳过程虽然可靠程度不够，却较富于创造性。其富于创造性是由于归纳过程是得出新理论的一种方法；而其可靠程度不足，则是由于从搜集到的事实出发，往往可以引出好几种可能的理论。其中，由于有些是互相矛盾的，所以不可能全部正确，甚而可能全部都不正确。

在生物学中，由于每一种现象、每一个条件都非常复杂，人们对其认识又不够，所以前提是不明确的，因而使得推理不可靠。就推理而言，大自然往往太难以捉摸了。在数学、物理学和化学方面，基本前提建立得较为牢固，附加的条件可较严格地规定和控制。因而，推理对于这几门学科的发展起了更主要的作用。虽则如此，数学家彭加勒说："逻辑学与发现、发明没有关系。"普朗克和爱因斯坦也说过类似的观点（见本书第五章《想象力》）。这里的问题是：通常，我们是凭直觉而不是凭借机械运用逻辑来进行归纳的，而且我们的思路经常受到个人判断的支配。另一方面，逻辑学家关心的不是思维作用的方式，而是逻辑上的系统阐述。

达尔文发现他的假说总不免要被舍弃或至少要大加修改，从这样的经验中他懂得了：在生物科学方面，演绎推理是不能信赖的。他说：

> 我必须从大量事实出发，而不是从原理出发，我总怀疑原理中有谬误。[28]

由于很难给术语下确切的定义，前提很难做到准确且绝对无误，这就给在科学研究中运用推理造成了一个基本的困难。尤其是在生物学中，前提往往只在一定的条件下才成立。为了推理的审慎和思维的清晰，人们必须首先规定所用的术语。然而在生物学上，经常很难或甚至根本无法规定精确的定义。以“流行性感冒是由病毒引起的”一语为例，流行性感冒原为一种临床概念，即根据临床症状规定的疾病。我们现在知道，由好几种不同的微生物引起的疾病都包括在医生所说的流行性感冒之列。而现在，病毒工作者更主张把流行性感冒称为由具备某些特征的病毒引起的疾病。但这样做只不过是把规定流感定义的困难变成了规定流感病毒定义的困难，而对流感病毒也是很难规定准确定义的。

如果我们接受下述原则：即所谓推理仅是就其成立的可能性而言，则这种困难可在一定程度上得到解决。确实，生物学上的很多推理若称为猜测更为贴切。

我已经指出了科学中运用逻辑作用的某些限度，造成谬误的另一个常见的原因是不正确的推理，例如犯有某种逻辑上的错误。以为推理容易，无须训练或只要多加小心就行，这是自欺欺人之谈。下一节中要略述几项一般性注意事项，供在科学研究中运用推理时参考。

在研究中运用推理的注意事项

首先应检查推理出发的基础，这包括尽可能明确我们所用术语的含义并检查我们的前提。有些前提可能是已成立的事实或定律，但有一些可能纯粹是假定。常常有必要暂时承认某些尚未确立的假定，但是在这种情况下，切不可忘记这些仅是假定而已。法拉第警告说，思维有“依赖于假定”的倾向，一旦假定与其他知识符合，就容易忘记这个假定尚未得到证明。人们普遍认为：应把未得到证明的假定保持在最低限度，并以选用假定最少的假设为宜。（这叫

尽量节省主义，或称奥卡姆剃刀定律[①]）

未经证实的假定常由“显然”“当然”“无疑”等词句引入，很容易潜入推理。我原以为：营养充足的动物比营养不良的动物平均寿命更长是一个比较可靠的假定。但是，在最近的实验中证实，食物受到限制，以至生长率低于正常生长率的老鼠，比起食物不受任何限制的老鼠，寿命要长得多。

对推理出发的基础有了明确的认识以后，在推理中，每前进一步都必须停下来想一想：一切可以想象到的选择是否都考虑到了。一般来说，每前进一步，不确定的程度亦即假想的程度也就越大。

绝不能把事实混同于对事实的解释，也就是说，必须区别资料与概括。事实就是所观察到的、关系到过去或现在的具体资料。举一个明显的例子：某种药物用于家兔时可导致家兔死亡。这也许是一个事实，但若要说这种药物对家兔有毒就不是在说明事实，而是通过归纳做出的概括或定律。英语中，从用过去时改用现在时，往往意味着从事实跨入了归纳。这是一个经常要采取的步骤，但这样做的时候必须十分清醒和自觉。对结果的解释方式也有可能造成混乱：严格地说，实验中出现的事实只能通过确切说明其经过情况来加以描述。在描述实验时，我们往往将结果解释成别的东西，而这时或许还意识不到自己已经离开了对事实的说明。

在科学研究中，我们始终面临着这样一个困难：我们不但要为过去和现在做证明，而且要为将来做证明。科学若要有价值，就必

① 奥卡姆剃刀（Occam's Razor），由14世纪威廉·奥卡姆（William of Occam，1287—1347）所创。奥卡姆，中世纪英国哲学家；他创立的“尽量节省主义”认为：当实验取得的事实能够得到说明时，不应增添不必要的假说，应把它一剃而尽，此说后被称为奥卡姆剃刀定律。——译者

须预言未来。我们必须根据做过的实验和观察所得的资料进行推理，并要为未来做出相应的安排。这就给生物学造成了特殊的困难，因为由于知识不足，我们很难肯定将来变化了的环境不会对结果发生影响。以对一种疾病新疫苗的实验为例，这一疫苗可在几个实验中都证明有效，但我们仍不敢断言将来也会有效。在 1943 和 1945 两年美国大规模实验中起到很好预防作用的流感疫苗，在 1947 年流感再次流行时却无效。从逻辑学的角度来看，我们根据资料，运用归纳、推理，得出了概括（如：疫苗有效）。然后，到了将来，我们想要预防该疾病时，就用演绎法把得到的概括应用于保护某些人不受感染这一具体实际的问题上去。推理中的难点自然是归纳。逻辑学在此帮不了大忙。在搜集到广泛的资料足以使归纳具有广阔的基础之前，我们只能避免去做概括，并把任何以归纳为依据做出的结论看成是实验性的，或者通俗一些讲，就是不要轻易下结论。在由资料得出结论时，统计学帮助我们保证结论有一定的可靠程度，但即使是统计上的结论，也只有在用于已经出现的现象时，才是严格有效的。

概括是永远无法得到证实的，我们只能通过考察由概括得出的推断是否符合从实验和观察得到的事实，来检验概括。如果结果与预期的不同，则假说或概括可被推翻。但符合预料的结果并不能证明概括正确，因为在概括不正确的情况下，由此得出的推断也有可能正确。本身是正确的推断可能根据显然谬误的概括得出。例如远避邪祟附身的病人就能不患鼠疫这一推断的正确，并不能证明鼠疫是邪祟所致这一假说的正确。在严格的逻辑学中，概括是永远不能得到证实的，有待无限期的验证。但是，如果无法证明某一概括不正确，特别是如果这个概括符合更为广义的理论概念的话，则该概括即在实践中被接受。

如果科学的逻辑证明：我们自己在进行概括时必须谨慎小心，那么出于同样的理由，对于任何概括我们都不能过于信任，即使是普遍接受的理论或定律，也是如此。牛顿并不把他所陈述的定律视为最终的真理，但也许他的大多数追随者却是这样看的，直至爱因斯坦才证明牛顿的审慎是很有道理的。在一些重要性稍逊于此的问题上，一些普遍接受的观念最终被取代，这种现象更是屡见不鲜。

因此，科学家绝不能容许自己的思想一成不变，不仅自己的见解不能一成不变，而且对待当时流行观点的态度也不能不变。史密斯说：

> 归根结底，科学研究是对现今思想和行动所依据的学说及原理不断检验的一种思维活动，从而对现存的做法是抱批判态度的。[85]

任何公认的观念或“确立的原则”，一旦不符合观察到的现象，都不能被视为毋庸置疑。贝尔纳写道：

> 我们不能仅仅根据某一设想不符合一种盛行理论的逻辑演绎而予以舍弃。

许多伟大的发现都是由于全然不顾公认的信念来设计实验而获得的。很明显，是达尔文首先运用“蠢人实验”一词，来指这类为多数人所不屑一试而他自己则常做的实验。

许多从事别的行业的人，可以任凭自己抱有固定的观念和成见，以便考虑问题时可以少伤脑筋；而且，对我们大家来说，在日常生活的许多问题上持有一定见解，也是实际所需。但是科学研究工作者在科学上必须力图保持头脑的适应性，避免抱一成不变的观点。我们必须力图保持头脑富有接受能力，力图公正客观地审度别人的建议，搜寻赞成的和反对的两种观点。我们当然必须抱批判的态度，但也要警惕，勿让不自觉的反应使自己只看到反对的观点，从而舍弃了某些设想。人们特别容易抗拒那些不符合自己看法的观点。

科学家应该养成一种好习惯，决不信赖以推理为唯一依据的设想。正如特罗特所说，这类设想出现在头脑中往往显得明显、肯定，容易使人放松警惕。有些人认为除运用数学符号的推理外，根本不存在纯推理。实际上，一切推理都受感觉、偏见和过去经历的影响，尽管这种影响常常是下意识的。特罗特写道：

> 公正的有识之士、开放的思想家、没有偏见的观察者，在确切的意义上，仅仅存在于智力活动的传说之中，甚至接近这种境界的状态、若不付出一种我们大多数人不可能或不愿意付出的道义力量和感情力量，亦是无法达到的。

心理学家所熟知的一种思维技巧是“合理化”，即用推理的证据为某种观点论证。这种观点在现实中由先入之见在下意识中形成，而头脑的下意识部分则为私利、感情用事的考虑、本能、偏见和其他通常本人并不觉察或甚至自己也不承认的类似因素所支配。乔治也曾发出类似的警告，让人们切勿相信这样的观点：以为大自然中的事物应该符合一定的格式或标准，并把一切例外情况看成是不正常的。他说，在科学研究中没有这种“应该—必须”机制的位置，将其全盘舍弃方为科学奠下基石。他认为，在认识到“应该—必须”思维方法的弊病前去考虑实验的技巧是为时过早的。

有人说，科学家应该训练对自己的工作抱淡漠态度，我不敢苟同。我以为研究人员应有足够的自制能力，来公允地评断与自己热切希望的结果不符的佐证，而不是试图采取淡漠态度。我们应该承认并正视愿望可能影响推理这一危险。同时，不让自己享受衷心信仰自己设想的乐趣也是不明智的，因为这样做就破坏了科学的一个主要推动因素。

区分内插法和外推法是十分重要的。内插法是在一系列已确立的事实间填补空白。人们在图表上把点连成曲线时使用的是内插法。外推是根据同一趋势延续下去的假设延拓到一组观测之外。只要有足够的数据做证据，在大多数情况下是允许使用内插法的；但使用外推法则危险要大得多。理论如果明显越出已经实验的范畴，就往往把我们引入歧路。外推法的作用颇近于蕴涵法，外推法在提出建议时是有用的。

将可以得到的全部情报资料写成一篇报告，对弄清问题很有帮助。在开始着手研究或者遇到困难以及研究将近结束时，这样做都是有益的。同时，在研究工作开始的时候，明确列出几个需要解答的问题，是很好的做法。确切地陈述问题有时就是向解决问题迈出了一大步。系统地排列资料常能显露推理中的缺陷，或揭示未曾想到的思路。最初因似乎“明显”而接受下来的假定和结论，一旦被明确地列出，并受到批判的考查后，甚至可能变得不能成立。某些研究机构要求全体研究人员每季度报告一次已完成的工作和计划中的工作，并将之定为制度。这不仅有利于领导者了解工作进展情况，而且对研究人员本身也是有益的。有些领导者更愿意让工作人员做口头报告，他们认为口头报告更有助于工作人员“明确自己的设想”。

细心、准确地使用语言对明确思想是有力的帮助，因为要精确表达自己的意思就必须从思想上明确自己的意思。我们是用语言进行推理的，而写作则是思想的表现。写作的训练和培养也许是推理方面的最好训练。奥尔伯特说：草率的写作反映了草率的思想，而含混的写作则往往混淆思想。科学报告的主要要求是力求清晰、精确，使每个句子准确贴切，不容造成误解。含义不确切的词句则当避免使用，因为人们一旦给某物命名以后，就立刻产生问题已经澄清的感觉，而实际上往往适得其反。“掩盖无知的语言外衣，往往是阻碍进步的服饰。”[91]

推理在研究中的作用

虽然新发现大多来自意想不到的实验结果或观测现象，或者来自直觉，而很少直接从逻辑思维中产生，但是，推理在科学研究的其他许多方面还是起重要作用的，而且是我们大多数行动的指南。在形成假说时，在判断由想象或直觉而猜出的设想是否正确时，在部署实验并决定进行何种观察时，在评定佐证的价值并解释新的事实时，在做出概括时以及最后在找出新发现的拓广和应用时，推理都是主要的手段。

研究工作中，发现与求证的方法和功能之不同，恰如法庭上侦探和法官之不同。研究人员追踪线索时，起的是侦探的作用，但是一旦抓到了实据，他就变成了法官，根据以逻辑方法安排的佐证来审理案件。两种职能都是必要的，不过作用是不同的。

观察和机遇，亦即经验，在生物学“事实性”的发现中，有非常重要的作用。但是，一般来说，由观察或实验获得的事实，唯在我们运用推理将其结合到知识的总体中去，才具有重要意义。达尔文说：

> 科学就是整理事实，以便从中得出普遍的规律或结论。[28]

在研究中仅仅搜集事实是不够的；解释事实，并看到其重要性和必然结果，常常能使我们深入一大步。沃尔什（F. M. R. Walshe）①认为，与获得新发现同样重要的是：如何对待自己的新发现以及人家的新发现。[100] 我们的头脑需要有一个合理的、逻辑贯通的知识总体，以便有助于保存和运用资料。杰克逊说：

> 我们具备大量的事实，但是，随着事实的积聚，必须将它们组织整理，上升为更高深的知识；我们需要的是概括，是为某一理论提出的假说。

认识到一个新的普遍原则才是科学研究的终结。

由所谓的机遇观察，由意想不到的实验结果，或者由直觉得出的新发现，比由纯推理性的实验取得的进展更富有戏剧性，更引人注目。在推理性的实验中，每一步都是前一步推理的结果，因而，新发现是逐步展现的。因此，按照这种不那么引人注目的作用过程所取得的进展，可能比本书其他章节所述的那种进展要多得多。此外，正如津泽所说：

> 将较次要的发现和精确观测到的各种细节逐渐积累起来，

---

① 沃尔什（1885—1973），英国神经学家。——译者

这种准备工作……对于推动科学发展有着重要意义。其重要性绝不亚于由于“天才的远见，定期把支离破碎的观察现象联系起来使之成为原理和定律，对科学发展所起的推动作用”。[108]

通常，当人们追溯某一新发现的起源时，就会发现这是一个比人们所想象更要大的渐进过程。

在营养学研究方面，各种维生素的存在，在很多情况下是凭借经验发现的，但是在这以后，有关维生素知识的进展则是靠推理了。在化学疗法研究方面，通常，继最初的经验性发现开辟了新天地以后，便由推理性实验进行了一系列改进，例如：磺胺是我们发现的具有抑制细菌性能的第一种化合物，继发现磺胺的疗效以后，又相继用推理性实验制成了磺胺噻唑、磺胺甲基嘧啶、磺胺胍等。

如我们在附录中所述：弗莱明从一次偶然观察到的现象出发，发现了特异青霉素能产生一种具有抑菌效能且无毒性的物质。但是他未能深入下去制成一种化学药物，研究就此中断。自 19 世纪 70 年代至 20 世纪初期，有几十篇文章报告发现了由细菌和真菌产生的抗菌物质。[43] 甚至青霉素本身也早在弗莱明或弗洛里之前就已发现。[114] 许多报告的作者不但建议这些物质可以用于治疗，而且已经这样做了，有些还似乎取得了很好的效果。[43] 但所有这些经验性的发现都未产生重要影响。最后，弗洛里有意识、有计划、有步骤地研究这个问题，制成了比较纯净稳定的青霉素，至此方证实其巨大的治疗价值。情况经常是如此：最初的发现，犹如取自矿山的原矿石，在未经提炼、充分发展之前，价值是很小的。提炼发展的过程不那么引人注目而更多是推理性的，通常需要另一种类型的科学家，或常常是许多科学家的合作来完成。推理在科学研究中的作用，与其说是开拓知识的新疆界，不如说是发展开拓者发现的成果。

还有一种推理有待一提，即用类比法推理，这在科学思维中有着重要的作用。类比是指事物关系之间的相似，而不是指事物本身之间的相似。如果发现 A 与 B 之间的关系在某一点上类似 X 与 Y 之间的关系，并且知道 A 在其他几个方面同 B 有联系，则可在 X 和 Y 之间寻找类似的联系。类比法在提出线索或假说，以及帮助理解无法看到的现象和情况方面，有着十分可贵的作用。类比法在科学思维和语言中是经常运用的，但也必须牢记：类比法也常使人误入迷途。另外，用类比法当然是无法做出任何证明的。

也许此处应该提一下，现代自然科学哲学家避免使用因果的概念。目前流行的观点是：科学理论旨在描述事件之间的联系，而不把这种关系解释为因果关系。原因这个概念，含有内在必然性的意思，造成了哲学上的困难。而且，在理论物理学上，最好舍弃这一概念，因为已经不再需要阐明因果之间的关系了。因此，从这个观点出发，科学仅仅限于描述“如何”，而不描述“为何”。

这种观点特别是在理论物理学方面得到了发展。在生物学方面，我们在实际中仍然应用因果的概念，但是，当说到某一事件的这个或那个原因时，实际上是把复杂的情况过于简单化了。产生某一事件的原因很多，但是在实际中我们总是把那些始终存在或为人熟知的因素加以忽略或认为是理所当然的，而只是挑选出一个不同寻常，或由于特殊理由引人注意的因素作为该原因。一场鼠疫突然蔓延的原因，在细菌学家看来，可能是病人血液中见到的微生物；在昆虫学家看来，是携带微生物传播疾病的跳蚤；在流行病专家看来，则是从船上流窜上岸并把传染病带到港口的老鼠。

小结

推理不能导致新发现。推理在研究工作中的作用不是获得事实性或者理论性的发现，而是证实、解释并发展它们，并形成一个普遍的理论体系。绝大多数的生物学“事实”和理论仅在一定条件下成立，而囿于我们知识不完备，我们至多只能根据很可能发生和有可能发生的概率来进行推理。

第八章　观察

“知识来源于对周围事件中相似处和重现情况的注意。”

——威尔弗雷德·特罗特

实例

巴斯德很想知道，为什么有的地方不断发生炭疽病，而且总是发生在同一片田野里，有时相隔数年之久。他从埋了十二年之久、死于炭疽病的羊尸体周围土壤中，分离出这种病菌。他奇怪这种有机体为什么能这样长时间地抗拒日照以及其他不利因素。一天巴斯德在地里散步时，发现有一块土壤与周围土壤颜色不同，遂请教农民。农民告诉他，前一年这里埋了几只死于炭疽病的羊。

一向细心观察事物的巴斯德注意到土壤表层有大量蚯蚓带出的土粒。于是他想到蚯蚓来回不断从土壤深处爬到表层，就把羊尸体周围富有腐殖质的泥土以及泥土中含有的炭疽病芽孢带到表层。巴斯德从不止步于设想，他立刻进行了实验。实验结果证实了他的预见。接触了蚯蚓所带泥土的豚鼠得了炭疽病。[78]

这个例子很好地说明了直接亲身观察的价值。如果巴斯德坐在安乐椅中思索，那就不可能弄清流行病中这个有趣的问题。

一天，有人给贝尔纳的实验室送来了几只从市场上买来的兔子。贝尔纳注意到实验桌上兔子排的尿清亮而带酸性，不像寻常食草动物那样混浊而带碱性。他推断，多半由于没有喂食，兔子从自己身体的组织中吸取养分，因而处于食肉动物的营养状况。他用喂食和禁食互相交替的方法证实了这个观点，这种作用过程果然使兔尿反应发生了预期的变化。这是一次精彩的观察，多数研究人员也就心满意足了，但贝尔纳却不然。他要求“反证”，于是用肉喂兔子。果然不出所料，兔尿呈酸性，贝尔纳为了完成这项实验最后对兔子做了解剖。用他的话说，就是：

我偶然注意到白色乳状的淋巴液初见于离幽门约三十厘米处十二指肠下部的小肠中。这引起了我的注意。因为在狗的身上，淋巴液初见于十二指肠的上部紧靠近幽门的地方。

再仔细观察，他看到胰导管的开口是与淋巴液开始含有白色乳糜的位置一致的，脂肪质的乳状液使这种乳糜成为白色。这样就发现了胰液在脂肪消化中的作用。[15]

达尔文说过一件事，叙述他和一个同事在探测一个山谷时，如何对某些意料之外的现象视而不见：

我们俩谁也没有看见我们周围奇妙的冰河现象的痕迹，我们没有注意到有明显痕迹的岩石、耸峙的巨砾、侧碛和终碛。[28]

这些现象并没有被人注意到，因为这些既不是意料之中的，又不是特地寻找的现象。

巴斯德在观察引起酪酸发酵的细菌运动时，注意到当接近滴液边缘时有机体停止了运动。他猜测，这是由于接近空气处的液体里有氧气存在。从这一点出发，他做出了具有深远意义的推断：没有氧气生命也可以生存。这一点在当时被认为是不可能的。进而，他阐明了发酵是一种代谢过程，通过这一代谢过程，微生物从有机物质中得到氧气。这些日后为巴斯德所证实的重要设想——源于对细节的观察，而这种细枝末节是会被很多人忽视的。

第三、四章及附录中引用的许多小故事也说明了观察在科学研究中的作用。

观察中的某些一般原则

乔治在谈到目击者观察日常生活现象之全然不可靠性时说：

观察到什么现象取决于观察者是什么人。要使观察者之间意见一致，必须保证：他们注意力十分集中，他们不应觉得自己的生命受到威胁，他们主要的生活必需品得到满足，并且不能让他们在遭遇突变时惊慌失措。如果他们观察到的是短暂的现象，必须使其重复多次，观察者最好不仅注视而且必须搜寻每一个细节。[47]

为了说明很难做出细致的观察，乔治讲了下面的故事：

> 在戈廷根（Gottingen）一次心理学会议上，突然从门外冲进来一人，后面追着一个持着手枪的人。两人正在屋子中央混战时突然响了一枪，两人又一起冲了出去。从进来到出去总共20秒钟。主席立即请所有的与会者写下他们目击的经过。这件事是事先安排，经过排演并全部照下相来的，尽管这种情况与会者当时并不知道。在交上的40篇报告中，只有一篇在主要事实上错误少于20%，有14篇有20%到40%的错，有25篇有40%以上的错误。特别值得一提的是：在半数以上的报告中，10%或更多的细节纯属臆造。这次观察尽管效果很差，但条件是有利的，因为整个经过十分短暂，并非常惊人，足以引起人们注意，细节又是事后立刻记下，记录者都惯于科学观察，并且与事件都无个人牵连。心理学家常做这类实验，其结果大体雷同。

要懂得观察，也许首先必须知道：观察者不仅经常错过似乎显而易见的事物，而且更为严重的是，他们常常臆造出虚假的现象。虚假的观察，或可能由错觉带给头脑错误的信息造成，或源自头脑本身滋生的谬误。

各种几何图形（例如，见乔治著作[47]）能造成视觉上的错觉，光在水、玻璃及热空气中折射造成的畸变也使人产生视觉上的错觉。

视觉观察不可靠之最突出的例子就是魔术师的戏法。还有，将一手浸入热水，一手浸入冷水，几分钟后把两手都浸入温水之中，也可说明感觉器官能提供假象。古代希腊历史学家希罗多德(Herodotus)曾记载过一个类似的荒谬现象：

> 这条溪水清晨是温和的，当市场热闹起来时凉了许多，到中午已经很冷了。因此人们此时浇花灌水。下午日头向西，溪水的温度又有回升，当太阳落山时，溪水又变得温和起来。

实际上水温保持不变，变化的是随着气温而变的水与空气的温差。声音上的错觉也会造成类似错误的观察。

在记载和报告观察到的现象时，产生的第二种谬误是头脑本身滋生的。许多这类错误之所以出现，是由于头脑容易无意识地根据过去的经历、知识和自觉的意愿去填补空白。歌德曾说：

> 我们见到的只是我们知道的。

俗话说："我们容易看到眼睛后面而不是眼睛前面的东西。" 描写狮子追逐黑人的电影就是一例。镜头中时而出现狮子追逐，时而出现黑人逃跑，几次重复以后，最后我们看到狮子往深草中的一个东西跃去。虽然银幕上并未同时出现狮子和人的形象，但是大部分观众相信自己确实看见了狮子向人扑去，甚至有人严肃地抗议不该牺牲土著而拍摄这样的电影。下面的故事也同样说明了主观上的谬误。曼彻斯特市有个医生，在教学生的时候，用手指蘸糖尿病人的尿液样品来尝味。然后，他要求全体学生重复这个动作。学生们勉勉强强愁眉苦脸地照着做了，并一致同意尿是甜的。这时医生笑着说："我这样做是为了教育你们观察细节的重要性。如果你们看得仔细，就会注意到我伸进尿里的是拇指，舔的却是食指。"

众所周知，不同的人在观察同一现象时，各人会根据自己的兴趣所在而注意到不同的事物。在乡间，植物学家会注意到不同的植物，动物学家会注意到动物，地质学家会注意到不同的地质结构，农夫会注意庄稼、牲畜等等。一个没有这些爱好的城市居民，见到的则可能只是悦目的风景。许多男人在与女人待上一天后，对这个女人的穿戴只有极模糊的概念；但是大多数的女人在仅仅见过另一个女人以后几分钟，就能详细描述那个女人的服饰。

反复看见某一事物而未加记忆是完全可能的。举例说，初到伦敦的人会对伦敦居民说起许多公共汽车前面油漆的那些眼睛。伦敦人很吃惊，因为他从来没有注意过。但是，一旦被提醒了，在以后的几个星期中他每看到一辆汽车几乎总是意识到那些眼睛的存在。

人们往往会注意到一个熟悉的场景中出现的各种变化，尽管原来也许并未有意识地注意这个场景的细节。确实，有时人们可能注意到了一个熟悉的场景有所变化，但却说不出是什么变化。乔治说：

> 记忆似乎就像照片底板那样保存了一个熟悉的场景，第二次检查时，人们无意识地将记忆的影像置于眼前出现的视觉影像之上。就像重叠两张相似的照相底片时，人们立刻注意到那些不完全一致的地方，即一张上有所变化的地方。值得注意的是：有时不能忆起记忆中的整体，因此无法对细节加以描述。[47]

这一比喻也许不够贴切，因为在故事或音乐等其他事物的记忆上也同样出现这一现象。在给孩子讲一个他所熟悉的故事时，任何细小的更动都会引起孩子的注意，尽管孩子并不会背诵这个故事。乔治继续说：

> 对变化的敏感似乎是一切感官的特性，因为声音、味觉、嗅觉和温度上的变化都能被立刻觉察……甚至可以说：一个连续不断的声音只有在停止或变化的时候才能被听见。[47]

如果我们认为新旧影像的对比是在头脑的下意识部分进行的，那么，有关直觉如何进入自觉思维的假说与之亦有相似之处。我们希望人们即使意识不到全部细节，也要觉察出那些值得注意的事实，即变化。

必须懂得所谓观察不仅止于看见事物，还包括思维过程在内。一切观察都含有两个因素：（1）感官知觉因素（通常是视觉）；（2）思维因素，这一因素如上所述，可能是半自觉半不自觉的。当知觉因素处于比较次要地位时，往往很难区分观察到的现象和普通的直觉。例如，有时把“我注意到当我走近马匹时我就患枯草热”这类的话当成观察到的现象。枯草热和马匹都是显而易见的，而两者之间的关系，在起初如无一定的机敏则不可能被注意到，这就是一种不易与直觉区别的思维过程。有时，注意与直觉之间可能是泾渭分明的。例如：亚里士多德（Aristotle）① 说：观察到月亮的光亮面总

① 亚里士多德（前384—前322），希腊哲学家。——译者

是朝着太阳，观察者就可能突然想到这是由于月亮借太阳的光发亮。在本章所引的三个小故事中，观察也都发生在直觉之前。

科学的观察

由上所述可以看到，观察者对复杂情况所做的报告是如何不可靠。确实，即使对简单的现象进行观察和准确描述也是十分困难的。科学实验在于挑选出某些事物，并借助适当的方法和工具进行观察。这些方法和工具一般误差较小，得出的结果能够再现，且能符合科学知识的普遍观念。贝尔纳将观察分为两种类型：（1）自发观察或被动观察，即意想不到的观察；（2）诱发观察或主动观察，即有意识地安排的，通常是根据假说安排的观察。此处我们所关心的是前一种类型。

进行有效的自发观察，首先必须注意到某个事物或现象。观察者自觉或不自觉地将观察到的事物与过去经验中有关知识联系起来；或在思考这一事物的过程中提出了某种假说，这时，观察到的事物才有意义。上一节中，我们谈到思维对于变化或差异具有特殊的敏感性。这一点对于科学的观察十分有用，但是更重要且更困难的是，观察（此处主要是思维过程）事物之间表面上貌似无关的相似点或者相互关系。本章开始引用的特罗特的话就是指这个而言。只有富兰克林（Benjamin Franklin）[1]超群出众的才能，才看到了摩擦生电和闪电之间的关系。最近，兽医发现一种狗的疾病，症状为

① 富兰克林（1706—1790），美国政治家、科学发明家。——译者

脑炎和爪垫硬化。过去或许也见过多起这类病例，但没有人注意到脑炎和爪垫硬化间的奇怪联系。

人们不可能对所有的事物都进行密切的观察，因而，必须加以区别，选其要者。在从事某一学科方面的工作时，“有训练的”观察者总是有意识地搜寻根据自己所受教育认为有价值的具体事物，但是，在进行科学研究时，他常常只能仰仗自己的辨别能力，只能靠自己的一般科学知识判断，以及有时靠自己设想的假说来指导。正如洛克菲勒基金会医学科学会主任格雷格所说：

> 研究人员必须运用其绝大部分的知识和相当部分的才华，方能正确选出值得观察的对象。这是一个举足轻重的选择，往往决定几个月工作的成败，并往往能把一个卓绝的发明家同……一个只是老实肯干的人区别开来。[48]

据说法拉第被邀请做观察实验时，总是问要看的是什么东西。但同时，他自己也还注意观察其他现象。他遵循上一节中乔治所列举的原则，即应该搜寻每一个细节的原则。然而，在做创造性的观察时，这一原则是帮助不大的。贝尔纳认为，人们在观察实验时思想应该不受约束，以免出于先入之见只是搜寻预期的特征，而忽视了其他的情况。他说，这是实验方法的一个最大障碍，因为看不到意料之外的东西就可能导致给人错误印象的观察。他说：“走进实验室时，摆脱掉你的想象力，就像脱掉你的大衣一样。”达尔文的儿子这样描述达尔文：

> 他渴望从实验中得到尽量多的知识，所以不让自己的观察局限于实验所针对的那一点，而且他观察到大量事物的能力是惊人的……他的头脑具有一种技能，对他做出新发现似乎是特殊可贵的有利条件。这就是从不放过例外情况的能力。[28]

做实验的时候，我们如果仅仅注意那些预期的事物，就很可能错过预料之外的现象。而这些现象，尽管开始时可能令人不解，却最可能导致意想不到的重要事实的发现。有人说，正是例外的现象可能用来解释常见的现象。每当发现不正常的现象时，就应搜寻与之可能有联系的情况。要做出创造性的观察，最好的态度不是仅只注意主要之点而排除其他，而是留神意外的现象，须知所谓“观察”不是消极地注视，而是一种积极的思维过程。

对事物进行科学的观察，就是要进行最专注的详审细察，必要时要借助摄影。记录详尽的笔记和绘图都是促进准确观察的宝贵方法，这就是要求学生在实习课中画图的主要原因。伯内特爵士在研究流感的过程中解剖了数以万计的老鼠，对每一只鼠的肺部他都用透镜进行了检查并精心绘制了损害情况。在记录科学观察时，我们应该永远精益求精。

培养那种以积极探究的态度注视事物的习惯，有助于观察力的发展。在研究工作中养成良好的观察习惯比拥有大量学术知识更为重要，这种说法并不过分。在现代文明中，我们的观察器官迅速退化，而原始时代的狩猎者却非常发达。科学家需要有意识地发展这种能力，而实验室和临床的实际工作应在这方面起有益的作用。举例说，观察动物时，应该有计划、有步骤地进行观察，并有意识地记录下诸如品种、年龄、性别、颜色斑纹、形态特征、眼睛、天然孔口、饱腹或空腹、乳腺、皮毛状态、举止行为等特点，并记录其周围环境，包括其粪便排泄物或食物渣滓。当然，除此之外，对有病的动物还要进行临床检查。

进行任何形式的观察都要有意识地寻找可能存在的每个特点，寻找各种异乎寻常的特征，特别是寻找见到的各种事物之间，或是事物与已有知识之间任何具有启发性的联系或关系。这最后一点我指的是在观察平皿培养时注意细菌菌落是抑制还是助长其附近的菌落；在实地考察时，要注意疾病与牧场类型、气候或管理制度之间的联系。我们观察到的大部分关系都是出于机遇，并不具有重要意义，但偶尔也有一两点导致富有成效的设想。观察时最好将统计学置之脑后，并对观察到的资料中那些最微小的联系所可能具有的意义加以考虑，尽管从数学角度乍一看去可能是不值得一顾的。对十分有限的素材进行认真观察得到的发现，要超过将统计学应用于大量素材而得到的发现。后者的价值主要在于检验由前者产生的假说。在观察时，人们应该培养善疑多思的方法，注意搜寻值得追踪的线索。

观察训练遵循着与其他任何方面的训练相同的原则。首先必须刻苦勤奋，随着实践的增多，行动逐渐变得不知不觉或无意识，遂养成习惯。进行有效的科学观察还必须有良好的基础，因为只有熟悉正常情况，才能注意到不寻常或未加释明的现象。

小结

要对复杂情况精确观察是极端困难的，观察者往往不自觉地产生谬误。有效的观察意指注意到某个事物，并通过将它和某个注意到的或已知的事物联系起来，赋予其意义；因此，观察既包含知觉因素又包含思维因素在内。

观察到一切是不可能的，因此观察者必须把大部分注意力集中在选定的范围内，但应同时留意其他现象，尤其是特殊的现象。

第九章　困难

“谬误无所不在，无孔不入。没有一种方法是万无一失的。”

——查理·尼科尔

对新设想的抗拒心理

科学上的伟大发现在获得的时候，人们对它们的看法与现在迥然不同。当时，很少人能认识到自己对该问题原来一无所知，因为，无论是对问题视而不见，对它的存在置若罔闻，还是在该问题上已经有了普遍接受的观念，都必须先驱除后才能建立新概念。巴特菲尔德（H. Butterfield）教授指出：思维活动中最困难的是重新编排整理一组熟悉的资料，从不同的角度着眼看待，并且摆脱当时流行的理论。[20] 这就是伽利略（Galileo Galilei）① 这样的先驱曾面临的巨大精神障碍，而一般的障碍则是每一个具独创性的重要发现都会遇到的。今天，诸如行星系基本事实这类连儿童也很容易掌握的事物，

① 伽利略（1564—1642），意大利天文学家、数学家和物理学家，用望远镜证实了哥白尼的太阳中心说。——译者

在人们的思想还受到亚里士多德观念限制的时候，确实需要超群出众的天才进行智力活动的伟绩壮举才能想象出来。

哈维发现血液循环本可以比较顺利，但当时流行的看法是：存在两种血液，血液在血管中来回流动，血液可从心脏的一侧流到另一侧。哈维发现头部和颈部静脉瓣膜所朝的方向不符合当时的假说，这个无法解释的小事最早使他对流行的理论产生了怀疑。他解剖了不下八十种动物，包括爬行类、甲壳动物和昆虫，从事了多年的研究。建立循环概念的最大困难在于动脉末端和静脉之间无任何可看得到的联系。哈维甚至不得不假设毛细管的存在，而毛细管是后来才发现的。哈维无法证实循环作用，只能将其作为一种推断提出。他宣布，他计算出了心脏输出的血量。这是一个勇敢的举动。哈维写道：

> 但是，关于血液流量和流动缘由方面尚待解释的内容是如此新奇独特、闻所未闻，我不仅害怕会招致几人妒恨，而且想到我将因此与全社会为敌，不免不寒而栗。匮乏和习俗已成为人类的第二天性，加之以过去确立的已经根深蒂固的理论，还有人们尊古师古的癖性，这些很严重地影响着全社会。然而，木已成舟，义无反顾，我信赖自己对真理的热爱以及文明人类所固有的坦率。[105]

哈维的疑惧不是没有根据的，他受到了嘲笑和辱骂，求诊的病人也少了。斗争了二十余年以后，血液循环学说才被普遍接受。

前已提到的詹纳和米尔斯的遭遇，以及本章稍后还要援引的塞麦尔维斯（Ignaz Semmelweis）的故事，也说明了人们对新设想的抗拒。

维萨里（Vesalius）早年研究解剖学时说过：当他发现了不同于盖伦(Claudius Galenus)[①]描述的结构时,他简直不能相信自己的眼睛。事实上，不如他伟大的那些人确实也不相信自己的眼睛，或者至少认为不是解剖的对象便是自己的技术出了差错。认识一个预想不到的新事实，即使这个新事实已经十分明显，也往往是异常困难的。只有那些从未面对过崭新事实的人，才会嘲笑中世纪的观察者竟然不相信自己的眼睛。教师知道，当学生的实验结果与预期不符时，他们往往会无视实验结果，不相信自己的观察。

几乎在所有的问题上，人脑都有根据自己的经验、知识和偏见，而不是根据面前的佐证去判断的强烈倾向。因此，人们是根据当时流行的看法来判断新设想的。如若新设想过于革命，也就是说，距离主宰的理论太远，无法纳入当时知识的整体，那就不会被接受。如若新发现的获得未到时机，则十之八九或被置之不理，或招致强烈得无法抵抗的反对。所以，一般来说还不如不发现。斯蒂芬森（Marjory Stephenson）博士把超时代的发现比作战事中能借以夺取阵地的突出地带。然而，如果主力部队相距太远不能适时增援，那么这块前沿阵地只能丢失，只能留待以后再夺取。[89]

1886年麦克芒恩（Mc Munn）发现了细胞色素，但当时意义不大，无人理会；直到三十八年以后，基林（Keilin）重又发现，才予以阐明。孟德尔发现遗传学基本原理是又一个很好的例子，说明即使在科学界，有时也看不到某一新发现的重要意义。孟德尔的著作奠定了一门新学科的基础，但在向一个科学协会宣读并发表以后三十五年间，竟然无人问津。费歇尔曾说：在孟德尔论文中，

① 盖伦（约130—200），在罗马行医的希腊医生、医学家与哲学作家。——译者

每一代人似乎只见到了自己预期的东西，而忽略了与预期不符的内容。[38] 孟德尔的同时代人只是看到孟德尔重复了已发表过的杂交实验，而下一代人则认识到了孟德尔有关遗传观点的重要性，但认为这些观点很难与进化论协调。而现在，费歇尔告诉我们，经过严峻冷酷的近代统计方法的检验，有确凿的证据表明：孟德尔的某些结果并不是完全客观的，而是偏向于作者预想的结果。

某些心理学家有关超感官知觉和预知的研究，也许就是今天超时代发现的例子。大多数科学家都无法接受这些人的结论，尽管后者有显然无可辩驳的佐证，原因是这些结论无法与当今物质世界的认识协调一致。

除非发现者不是众所公认的科学界人士，否则，时机成熟时的新发现一般是人们乐于接受的，因为这种新发现符合流行的观念，并可由之印证，或者说，就是从当时知识本体中发展而来的。这类新发现作为科学发展主流中的一脉，迟早会出现，并可能差不多同时出现在世界上不同的地方。廷德尔说：

> 任何伟大的科学原理，在由个别人明确阐述之前，一般的科学家已大抵有所了解。知识的高原本已高峻，而我们的发明家则像高原上的山峰，略微耸峙在当时一般的思想水平之上。[95]

然而，这样的发现在被普遍接受之前，常常会遇到一些抵制。

对于来自外部的新设想，我们大家都有一种抗拒的心理倾向，正如对标新立异的举止衣着存在着抗拒心理一样。也许其根源是过去称之为集群本能的一种先天性冲动。这种所谓的本能驱使人们在一定的范围内因循守旧，反对集群中其他成员逾规越矩，背离主宰当时的行为和思想。另一方面，这种本能给予信者众多的观念以真实的假象，不管这种信念是否有确凿的事实为依据。人们通常把本能的行为合理化，但这种“理由”只是补证的，是头脑中设想出来为自己的看法辩护的。特罗特说：

> 头脑不喜欢新奇的设想，犹如身体不喜欢新奇的蛋白质，都同样竭力抗拒。新设想是科学上作用最快的抗原，这种说法并不过分。如果我们老老实实地观察自己，往往会发现：甚至在新设想被充分提出之前，我们就已开始反驳了。[94]

当成年人开始觉察到某种新东西的时候，往往不是起而攻之，便是设法逃避。[47] 这就是所谓的“攻击－逃避”反应。所谓攻击包括嘲笑之类的缓和形式，而仅仅置之不理也算在逃避之列。对伦敦第一个携带雨伞者的攻击便说明了通常对科学上惊人的新发现所采取的这种反应。在攻击的同时往往还伴之以使攻击合理化，即攻击者提出攻击或抗拒某一设想的“理由”。怀疑态度通常是保护自己不接受新设想的一种不自觉的反应。我们常常会发现自己不自觉地抗拒别人提出的新设想。正如沃尔什所说，“在我们每个人的身上，都有把雏形的设想加以窒息这一热切的渴望。”[101]

戴尔描述了伦琴最初宣布发现X射线时所遇到的嘲笑。[27] 有趣的是，大物理学家汤姆森（J. J. Thomson）与众不同，并不抱怀疑态度；相反，他坚信事实会证明伦琴的报告。同样，当贝克勒耳（Becquerel）宣布铀盐放出射线时，只有瑞利（Rayleigh）① 勋爵表

① 瑞利（1842—1919)，英国数学家和物理学家，发现瑞利散射分布。——译者

示愿意相信。汤姆森和瑞利的思想是摆脱了流行传统观念约束的。

有时，一个发现须几次三番才能获得，方被接受。席勒在写到对新设想的抗拒时说：

> 这种惰性可被列为大自然的一项基本“法则”。它的一个奇特结果是：当一个新发现经过漫长的岁月最终获得承认时，人们通常发现这个新设想早在预期之中，并具有充分的论证和详尽的细节。例如达尔文学说就可追溯到几百年前的海拉克里特（Heraclitus）①和阿那克西曼德（Anaximander）②。[80]

反对派往往抱着“求全责备”的态度来衡量、判断新发明。他们会说，不能全面解决实际问题的答案是无用的答案。这种不讲理的态度有时阻碍或延误了新发展的采用，而这种新发展在尚无更好代替者的情况下是非常有用的。尽管一个新发现具有确凿的佐证，但有些科学家却因和自己的先入之见相矛盾，便顽固地拒绝承认。像这样的科学家并不乏其人。也许这种顽固的怀疑者在社会集体中不无有益的作用，但我承认我是不敢恭维这种人的。据说时至今日还有人坚持世界是平的。

虽然对新发现的抗拒往往令人恼怒，甚至十分有害，但是，它却起到了缓冲的作用，防止社会为时过早地接受尚未被充分证明和充分实验的设想。若无这种与生俱来的保守主义，狂思乱想和江湖骗局就更要猖獗泛滥。科学上为害最大的莫过于舍弃批判的态度，代之以轻信佐证不足的假说。一个没有经验的科学家常犯的错误是：

---

① 海拉克里特（前535—前475），古希腊哲学家。——译者

② 阿那克西曼德（前610—前546），古希腊哲学家、天文学家和数学家。——译者

轻信那些貌似有理的设想。从表面看，人们对新学说所采取的态度似乎反映了保守与激进之争的普遍问题。这些思想方法有可能下意识地影响人们在争辩中偏袒一方，但是我们应力求公正。我们所追求的是正直、客观地判断佐证，尽可能使思想摆脱不以事实为根据的成见，佐证不足时不轻易下结论。批判的思想方法（或称批判“能力”）与怀疑态度之间是泾渭分明的。

与新发现的对立

至此，我们讨论的是对新设想心理上的抗拒。在这一节里我们要从其他几个方面讨论与新发现对立的问题。

新发现之所以常常遭到反对，因为从广义上说它冒犯权威，侵占既得利益。津泽援引了培根所说的：由于过去的业绩而享有声望的显贵，大抵不愿见到发展的洪流迅猛奔腾超越其成就。津泽评论说：

> 在飞速发展的科学上，随着年龄的增长，我们的使命是：看到纠正旧有观念的新发现时，我们应感到愉快，并在教学的过程中以自己的学生为师。这是预防中年时期老顽固病症的唯一有效措施。[108]

新发现所引起的纷争有时因为发现者的人品而变本加厉。获得新发现的人往往不会也不善于处理人与人之间的关系。如果他们略微圆通一些，麻烦也就少得多。哈维的发现最终获得承认，而塞麦尔维斯则不成，缘由盖出于此。塞麦尔维斯无心机可言，而哈维则把他的著作奉献给查理国王，将国王和王国比作灵魂和躯壳。哈维的作传人威利斯（Willis）说，哈维具有一种游说争取相识者的惊人本领。哈维说：

> 人生到世界上，赤条条手无寸铁，好似天命注定人要成为社会的动物，奉公守法，相安无事；好似天意要人受理智的规导。

在谈到批评他的人时，他说：

> 然而，我认为：反唇相讥，恶语相加，是有失一个哲学家（即科学家）和探求真理者的身份的。[105]

在写到同一问题时，法拉第说：

> 真相迟早要大白于天下，而耐心回答比压服更能说服反对派，如果他们反对错了的话。[95]

发现者，尤其是一个初出茅庐的年轻发现者，需要勇气才能无视他人的冷漠和怀疑，才能坚信自己发现的意义，并把研究继续下去。读到哈维、詹纳、塞麦尔维斯和巴斯德这些人面临反对所表现的大无畏精神，我们感到高兴，但又有多少发现者因缺乏必要的热情和勇气而放弃了有益的研究，而湮没于无闻！特罗特说过沃特森（J. J. Waterson）的故事。沃特森 1845 年写了一篇关于气体分子理论的论文，提出了很多后来焦耳（James Prescott Joule）①、克劳修斯

① 焦耳（1818—1889），英国物理学家。——译者

（Rudolf J. E. Clausius）[①] 和麦克斯韦提出的内容。鉴定这篇论文的皇家学会审稿人说："满篇胡说八道。"就这样，这篇论文被打入冷宫，直到四十五年以后才被发掘出来。沃特森落魄无闻地活了好多年，后来神秘地失踪了，无迹可寻。特罗特说，这个故事对于很多急于取得知识进展的人可能如当头一瓢冷水。很多新发现就是这样胎死腹中或窒息于呱呱坠地之时。我们所知道的只是幸存者。

今天在绝大多数国家里，在现在是正统的科学领域中，从事研究活动虽然已不担任何风险了，但是，因此得出结论，认为蒙昧主义和反动压制只是从前的事，那就大错特错了。仅仅三十年前，爱因斯坦在德国就受到一场有组织的、恶毒的迫害与嘲弄运动的围攻。[45] 1925 年在美国，在臭名昭著的"田纳西州猴子审判"会上，一位自然科学教师因教授进化论而被起诉。在极权主义的国家，政治干预科学事务，如纳粹统治时期的情况，以及今天遗传学上的争论，会使专制主义进入科学，从而压制了那些在科学理论上不愿就范于党派宣言人们的研究工作。[5] 那些专门反对疫苗接种和活体解剖的团体也是一种形式的反动。就是我们科学家自己也不能矜然自得，因为即使在今天的科学界中，当新发现在理论上是革命的，而发现者又不是社会公认的科学界人士时，也还很可能遭到冷遇或反对。这时，发现者也许还需要具有笃信自己理论的勇气。

据说，一项对知识的创造性贡献，其接受过程可分为三步：在第一阶段，人们嘲笑它是假的，不可能的，或没有用的；到第二阶段，人们说其中可能有些道理，但永远派不上什么实际的用场；到第三步，也是最后的阶段，新发现已获得了普遍的承认，这时，许多人

① 克劳修斯（1822—1888），德国物理学家和数学家。——译者

说这个发现并不新鲜，早就有人想到了①。史密斯说得对：

> 研究的愉快必在于研究本身。因为其他方面的利益收获都是靠不住的。[86]

伟大科学家对人类的贡献只得到迫害作为报酬，这在过去是司空见惯的事。塞麦尔维斯的遭遇就是这一奇怪事实的极好例证。当时，欧洲的医院里产褥热盛行，塞麦尔维斯指出了如何防止这种疾病，以减少病人的痛苦，降低死亡率。

1847 年塞麦尔维斯想道：产褥热可能由直接从验尸房出来的医学教员和学生的手带给产妇。为了消灭手上的"尸体物质"，他建立了一条严格的制度：在检查产妇之前，必须先在漂白粉水中洗手。采用这一步骤后，维也纳总医院第一产室产褥热的死亡率立即由 12% 降为 3%，后又降到 1%。他的理论在很多地方受到欢迎，并为一些医院所采用。但是这种革命的思想把死亡的责任归咎于产科医生，招致了权威的反对，于是他们拒绝续聘他为助手。他离开了维也纳到布达佩斯，在那里他介绍的方法再度获得成功。但是他在理论上却进展不大，甚至遭到微耳和（Rudolf Carl Virchow）②这样大人物的反对。他写了一本书，就是著名的《病原学》，今天被认为是医学文献方面的经典著作，但当时卖不出去。挫折使塞麦尔维斯怨恨暴躁，他孤注一掷，写文章把不肯采用他方法的人骂成杀人犯。但这样做只能遭到嘲笑。他的结局悲惨，1865 年被送进疯人院。上

① 这段话似乎出自麦肯齐（James Mackenzie）爵士。参见威尔逊（R. W. Wilson）：《我们敬爱的物理学家》，（伦敦）墨莱（John Murray）版。

② 微耳和（1821—1902），德国病理学家，细胞学说创立者。——译者

帝慈悲，具有讽刺意味的是：进疯人院后几天，他就因最后一次产科手术时手指受伤的伤口感染而死，成为他毕生奋斗所要预防的细菌感染的牺牲品。他坚信自己主张的真理总有一天会昭彰于世，从不动摇。他在为自己的《病原学》所做的颇带哀愁的引言中写道：

> 回顾以往，我只能期待有一天终于消灭这种细菌感染，用这样的欢快来驱散我身上的哀伤。但是，如果天不从愿，我不能亲睹这一幸福的时刻，那么，让坚信这一天迟早会到来的信念做我临终的安慰吧。

其他人的工作，特别是法国的塔尼尔（Tarnier）和巴斯德，英国的利斯特，使得社会勉勉强强在十年或更长的时间以后，认识到塞麦尔维斯的理论是正确的。

塞麦尔维斯之所以未能使大多数人接受他的看法，一则可能由于在证明细菌引起疾病之前，不能圆满解释消毒双手的价值；一则也可能因为他太不懂人情世故了。现在尚不清楚，塞麦尔维斯的努力对他所发现的原理最终为人们所接受是否有很大的或任何的影响。看来，其他人也独立地解决了这个问题。[84]

解释的谬误

因为没有别的更合适的地方，我准备在这里谈一下常见的错误，即一些在解释观察到的现象或实验的结果方面尚未提及的常见的错误。

产生谬见的最常见原因或许就是所谓的“post hoc，ergo propter

hoc"[①]，即认为两件相继发生的事件之间具有因果关系，特别是在没有对照标准的情况下由此得出结论，认为结果是由于某种干预的影响所致。我们的全部行动和理性，都是以这样的合理假定为依据的，即认为：一切事件都以前一事件为起因。但是，当我们把实际上对观察到的后果并无影响的前一特定事件或干预看成前因的时候，谬误就因此而产生。不懂医学的公众之所以笃信医药，在很大程度上就是这种谬见所致。直到不久以前，绝大部分的医药疗效甚微，对服药所要治愈的疾病几乎或完全没有作用。然而，不少人相信，他们的病是因为吃了药才好的。许多人，包括一些医生在内，相信接种某种疫苗能防止普通感冒，因为出于某种幸运的巧合，一些病人在接种后的第二年未得感冒。但是，许多以相似的菌株做接种的对照实验证明，这种疫苗没有一点用处。进行对照实验是避免这类谬误的唯一方法。

在证实两件事情互有联系时，如错误地假定二者必然是因果关系，那就犯了同样的逻辑错误。有时收集的资料证明：城市里某一多烟或低洼地区某种疾病的发病率比其他地区为高。研究人员可能因此得出结论，认为多烟和低洼是疾病的诱因。这种结论往往论据不足，而更应该到这些不卫生地区所存在的贫困和过于拥挤中去寻找原因。微耳和在反驳塞麦尔维斯关于产褥热病因理论时，断言气候是一个重要因素，因为冬季发病率最高。塞麦尔维斯回答说，疾病与冬季有一定的联系，因为在冬季，学习助产的学生花费更多的时间进行死尸解剖。

有时把原因归结为某一新引进的因素，而实际上，原因在于除去了那个被取代的旧因素。这样做的时候也可能造成错误的结论。有人曾在习惯于晚上喝咖啡的人中做过实验，证明如用另一种饮料代替咖

① 拉丁文，意即"在这个以后，所以，就由于这个"。用这一公式来表示两个现象因果关系的不合理结论，即仅根据一个现象在另一现象之后发生就做结论。——译者

啡，则夜间睡眠的更好。人们可能因此认为这种饮料有促进睡眠的作用，但睡得好很可能完全是因为不喝咖啡的缘故。同样在做饮食方面的实验时，当用一种新成分取代一种旧成分时，常常会得出错误的结论。所谓新成分的效用后来证明是由于除去了被取代的那一种饮食成分所致。有人发现，用人工照明的方法能影响某些植物开花。起初，人们认为这是因为延长了“白昼”，后来又发现这是由于缩短了“黑夜”，因为，如在夜半时分进行短暂的照明，甚至比黄昏后或拂晓前长时间的照明效果还要好。

把甲物种身上的实验结论应用于乙物种时，总不免要有危险。因为老鼠或其他实验动物需要某种维生素，研究人员因此就得出结论，说人类或家畜也需要这种维生素，很多错误就是这样造成的。但是，这类谬误在今天一般是能鉴别出来的。近来，在化学药物方面也有这类问题。对人体极为有效的磺胺类药，对于某些家畜身上的同样细菌，就未必疗效最佳。

产生谬见的一种更凶险的来源是看不到某一作用过程可能有多种引起的原因。坎农[22]曾评论过一度做出的一种错误推断。这种推断认为，肾上腺素并不能从肝脏吸取醣分从而控制血糖量标准，理由是去除肾上腺髓以后，仍能保持一定的血糖标准。事实是，从肝脏中吸取醣分的方法很多，但以肾上腺素最为有效。颤抖本身能防止体温降低，但这并不能因此证明别的因素就不起作用了。温斯洛（Winslow）描述了这种“单一原因谬见”的另一种形式。[107]当两个因素同时成为某一事物的原因时，如果甲因素是普遍存在的，则人们往往轻率地下结论说乙因素是唯一的原因。19世纪时人们相信，不卫生的条件本身就引起肠热病，即伤寒。当时，致病的微生物普遍存在，因而是否讲究卫生就决定了发病率的高低。疾病的致因是复杂的，包括致病微生物、微生物在宿主间传播的条件以及影响宿主受感染的各种因素。任何一次疾病的发生都是各种致病因素复合的结果，但我们往往挑选出其中之一，认为这是唯一的原因，因为这一原因的存在不如其他条件那样普遍。

在考察某种病症在居民中的发病率时，有时由于观察的对象是不具有代表性的一部分居民，从而得出错误的结论。例如，某些数字被普遍接受，并列入教科书中，说明不同年龄的儿童，对喜克氏（Schick）白喉免疫实验呈阴性反应的比例。过了很多年后才发现，这些数字仅适用于就诊于城市公立医院的贫苦阶层儿童。在其他的人口中，数字则很不相同。我 1938 年去美国时，几乎没有见到说罗斯福总统一句好话的人，但盖洛普（Gallup）博士民意测验的典型部分调查却证明，50% 以上的人支持罗斯福。人们很容易根据自己的观察和经历来进行普遍性的概括，而这种概括往往不是以真正的随机抽样为依据，样品也不足以具有代表性。培根曾警告人们勿因信赖印象而导致谬误。

> 骤然看到或想到的事物，最能激发人的理解能力，并使想象力翩然神驰。这时人们开始悄然不觉地设想构思，以为万物都酷似头脑中留有印象的那几样东西。

造成错误的一个常见原因是：在佐证不足的情况下得出无根据的假说。下面举一个典型的例子。柯赫在论列他著名假设的演讲中，描述了他是怎样做出貌似合理的假定从而导致谬误的。柯赫在做有关结核杆菌的开拓性研究工作时，从多种动物身上得到了菌株，加以实验，最后得出结论说，所有的结核杆菌大体雷同。他只是没在家禽身上做致病原因与培养实验，因为当时得不到新鲜的原材料。然而，既然结构形态一样，他就假定家禽身上的细菌与其他动物身上的也相同。不久以后，他收到了一些结核杆菌的非典型菌株，尽管做了长时间的考察研究，仍是不解之谜。他说：

> 我做了一切努力，意图找到这种差异，但都失败了。最后，一件小小的意外，澄清了这个问题。

他碰巧得到了几只患有结核病的家禽，当他把家禽身上的细菌进行培养后：

> 我惊奇地看到，它们具有那些可疑的培养物的外观和全部其他特征。

这样，他发现鸟类与哺乳类结核菌是不相同的。[57] 附带提一提，这一资料似乎已经“丢失”，是我在搜寻别的资料时偶然发现的，因为当前的一些教科书说：没有任何证据说明柯赫曾提出过这次演讲中所论列的著名假设。

通过在实验动物身上接种并培育病原体的方法来分离传染因子时，人们很容易出差错。很多老鼠鼻腔里有潜伏病毒，在通过鼻腔往肺部注射任何物质时，这种病毒就进入肺部，繁殖衍生。如果用同样的方法把这些老鼠的肺脏物质注射给其他老鼠，则有时能造成肺炎，这样，就可能因此得出错误的结论：从那种原始物质中分离出了病毒。同样，在通过把物质接种到实验动物皮肤上的方法来分离病毒时，很可能建立一种能传染的条件，其来源不是原来的接种物，而是周围环境。

早期犬瘟热的研究把一种从病狗身上分离出来的细菌看成是致病原因，因为接种这种病菌能引起一种酷似犬瘟热的疾病。然而，后来发现的一种病毒才是犬瘟热的真正致病因素。这才知道早期的研究所以失误，或是由于人们分离出的是一种次要的致病侵入物，或是由于人们未能采取严格的措施来检疫隔离他们的实验狗。

在研究人员尽了最大的努力检出自己工作中的谬误以后，他的同事们往往都乐于用评论的方法助他一臂之力。不把论文先置于同事善意批评的显微镜下透视一番，就仓促交付发表，这种人是胆大妄为的。

小结

新设想要取代现有的观念，这就是对新设想抱抗拒心理的部分原因。不与现有知识整体连缀的新事实是通常不为人所承认的；新事实如仅仅得到孤立的佐证所证实，也往往是不够的。因此，时机不成熟的新发现往往被忽视而丢失。一种不合情理的、对新事物的本能抗拒心理，是过分怀疑与保守态度的真正原因。

伟大的发现家之所以遭到迫害，部分是由于对新设想的抗拒心理，部分是由于冒犯了权威，侵犯了精神上和物质上的既得利益。有时，发现者不谙人情世故也使事态恶化。对新发现的抵制势必将许多发现扼杀在襁褓之中。蒙昧主义和专制主义尚未死亡。

可能造成谬误的原因有：运用“必然性”的逻辑推理，将不同时间实验的两组进行比较，假定互有联系的两个因素之间必然是因果的关系；以及根据代表性不足的样品做出观察，加以概括，得出结论。

第十章　战略和战术

“研究，完成，出版。”

——法拉第

研究工作的计划和组织

关于研究工作的计划有不少争论，主要分歧是：纯理论研究和应用研究各有什么价值；对一个国家而言，研究工作计划的规模和计划性的程度如何。主张计划研究的激进派认为，有意识地为社会某种需要服务的研究才是唯一有价值的研究，而纯理论研究只不过是浪费时间、怡情适性的消遣而已。而另一方面，反对计划的人（英国有一个“争取科学自由协会”）则认为，被组织起来的研究工作者变成了例行公事的调查员，因为失去了精神上的自由以后，独创精神就不能发扬兴盛。

往往由于未能阐明所谓计划的含义，而搅混了关于研究工作计划的讨论。我们应区分三种不同的计划。第一种是研究人员本身对研究工作的实际处理，相当于战争中的战术，时间很短，一般只包括一两个实验。第二种是规模较大、时间较长的计划，相当于战争中的战略。参加此类计划的不限于研究人员本身，还往往包括研究工作的指导人员和技术委员会。第三种是研究方针的计划。这类计划主要由一个委员会主管，决定研究哪些问题、资助哪些项目和人员。

我们已经指出，许多新发现不是预见之中的，并且，在生物学研究的下列两方面，个人的努力特别起了主要作用：（1）识别预期之外的发现，并进行深入研究；（2）进行长时间集中的脑力劳动直至产生新设想。根据计划的安排，系统地积累资料，按这样的方法得出的重大发现也许是很少的。有些人以为，对问题不具备基本的知识，就不可能找到解决问题的答案。但事实并非如此。获得一个经验性的发现，通常是先提出解决方法，以后再对原理进行理论阐述。从本书叙述的那些新发现中，我们应吸取的一个主要教训是：研究人员在决定了研究的方向以后，决不应给自己戴上思想的遮眼罩，从而像一匹拉车的马，只见脚下的那块路，而看不到道旁的景色。

从科学发现的历史所给予我们的种种教益来看，由一个委员会来制定科学研究的战术，不如由从事研究的工作者本人，随着研究工作的进展制定自己的方法，后者的效果更好。对于大多数研究人员来说，科学研究是一种个人的活动，规划战术的责任最好留待研究者个人承担。这样，如若给予研究人员所必需的动力和奖酬以进行有效的研究，他们会把全部的精力用在这一项研究上。过多的监督会影响创造性，因为只有让人们感到这是自己的东西，他们才会全心全意，全力以赴。洛克菲勒医学研究所的创始人弗莱克斯纳（Simon Flexner）一贯认为：只要人选恰当，你就可以完全放心，这些人自己的主意总比别人能为他们想出的好。[77] 决不应要求科学家一板一眼、分毫不差地按照他们自己制定的研究计划行事，而应该容许他们根据发展的需要对计划修改变动。已故的托普莱教授说：

> 委员会是一种危险的东西，需予以密切的关注。我相信研究委员会能做一件有益的事，仅只一件。委员会可以找到最适合研究某一特定问题的人员，把他们组织起来，给他们以方便的条件，然后让他们自己去进行工作。委员会可以定期审议工作的进展，进行调整。但此外若多加干预，就有害处。[92]

技术委员会和研究工作的指导人员在战略计划方面常可起到一定作用，但他们必须与要从事这项研究的人员有所配合，切不可在战术方面发号施令。在研究方针的计划上，委员会有很大的价值，它可以唤起社会对某些重要问题的关注，并筹措必要的资金，调动必要的人员。委员会有时还可起这样的作用来推动科学的发展：帮助各实验室的人员交流相互间的进展情况，以减少通常因发表报告所造成的延误。有些，战时委员会用这样的方法来协调分散的研究工作，起了很好的作用。

制定战略性、方针性的计划是一项责任重大的事，必须委任给真正理解研究工作并具有相当科学知识的人，才有成功的希望。这个道理十分明显，也许不值一提。人们普遍承认：制定研究工作战略规划的委员会，其主要成员应是在这一科学领域内积极从事研究活动的人。遗憾的是，很多委员会为了万无一失，只资助那些已经定出详尽计划、从事一般性研究的项目，而不肯冒风险，这就常常导致做不出有价值的发展。

各种计划和方案，是用于解决已经认识到的问题，亦即应用研究的。但是科学也需要那种不考虑实际结果、不受其他影响而从事纯理论研究的人员。

在研究组中，某个或某些人员通常起领导作用，对问题考虑得多一些。当然，也有一些科学工作者不适合从事独立的研究活动，但作为研究组的成员，在别人的密切指导下，能起到很有益的作用。在其他条件相同的情况下，想象力丰富的人比仅有单纯逻辑头脑的人，更适于担负领导工作，因为前者更富有启发性，而且足智多谋。但是研究组的领导者本人也必须积极参加研究。换言之，战术的计划最好由研究人员而不是由办公室行政人员来制定。如果研究组公推不出一位领导者，那么可将问题分割开来，使每个具有独立工作能力的研究人员都分别对某一方面的工作负责。研究组必须力求避免把计划定得过细、过死。然而，在互相配合的过程中，工作必须充分协调，使得每个成员不仅了解自己负责的那一方面，而且能够掌握全局。埃利希很好地阐述了研究组工作的原则："集中进行研究，而每个成员又有相对的独立性。"一切计划都应看成是暂时的，可随工作的进展而变动的。这里切不可混淆研究工作的计划和个人实验的部署。在部署实验时，必须精心构思，严格按计划进行。这一点是毋庸置疑的。

相互配合对于跨越多种学科的研究工作是非常必要的。例如让医生、细菌学家和生物化学家同时研究一种疾病。进行生物化学方面的研究，常使用大型的研究组，因为需要大量相互配合的、熟练的技术工作。在开拓个人做出的发现时，往往也需要研究组的配合。

研究组还有一个重要的用途：它能使有才华者的能力超越自己双手和技术条件所容许的限度。特别是这一类的研究组，还能为初学者提供学习从事研究工作的机会。青年科学工作者能与一位有经验的研究人员共事合作，比仅仅得到后者的监督要获益更大。而且，这样他也更有希望品尝成功的滋味，这对他有极大的好处。再者，青年的敏感和独创精神，一经与成熟科学家丰富的知识和经验相结合，就能相得益彰。在需要密切配合的时候，各个研究人员的个性当然也是值得认真考虑的。大多数富有才华的人，能启发别人思考，但有些人想象力过于丰富，实验新设想的愿望过于迫切，以致对想要实验自己设想的青年同事起了阻碍作用。此外，一个人可以是一个卓越的科学家，但却在了解和处理人与人的关系上完全不成熟。

反对进行研究组配合的主要意见是：如果研究人员不能随意离开本题进行研究工作，那么，就可能错过机会，不能在一些预想之外的枝节问题上获得新发现。弗莱明曾指出，他当初若是参加了一个研究组，就不可能放下手里的研究，去深入追踪别的线索，也就发现不了青霉素。[42]

为了自己的工作有所遵循，研究人员在工作刚开始的时候，应制定某种至少是暂时性的总计划，并为具体实验定出详尽方案。在这一方面，指导人员的经验对青年科学家会有很大的帮助。后者介绍他所收集资料的概况，以及自己对拟议中工作的设想，以资讨论。没有经验的科学家往往不知道科学研究中哪些可行哪些不可行，对于一年的工作，有时会提出一项要十年才能完成的计划。有经验的人懂得，在实际中应当限于一项比较简单的项目进行工作，因为他知道，即便是简单的项目意味着多少工作量。因为只听到科学研究中成功的例子，于是一个新手往往会得出一种假象，认为研究工作易如反掌。其实每一点滴的进展都是缓慢而艰巨的，一个人一次只能着手解决一项有限的目标。初试者在遇到计划以外的重要线索时，应与指导自己的人进行讨论。因为，他虽然可能发现应该追踪的有益线索，但如果对于出现的每个未解之题都跟踪下去，那是既不可能也不合适的。在这些问题上提出建议并帮助解决出现的困难，就是研究工作指导人员的主要任务。被指导者的成败便是衡量指导者对科学研究的性质理解程度的准绳。随着青年科学家的成长，应逐步鼓励他减少对指导者的依赖。青年科学家独立工作的程度应根据他表现的才能以及他取得的成就来决定。

不论是参加小组的研究人员，或是独立工作的研究者，都应记下打算实验的设想和实验，即列出一项工作方案，并不断进行修订。

有些人认为，研究工作以在小规模机构中进行为宜，那里指导人员对所有的工作都能躬亲过问，规模一大，效率就要降低。无疑，很多例子证明：在小机构中平均每人的成果要多于大机构中。这些地方的指导人员往往不仅是一个能干的科学家，而且善于激发他的工作人员的干劲。有些大的机构效率也很高，那里可能有几个活跃的中心，每一个中心又都有一个干练的领导做核心。

不同类型的研究

科学研究一般分为“应用”研究和“纯理论”研究两种。这种分类颇近主观，且不严谨。通常，所谓应用研究是指对具有实际意义的问题进行有目的的研究，而纯理论研究则完全是为了取得知识而取得知识。可以这样说，一个做纯理论研究的科学家具有一种信念，认为任何科学知识本身都是值得追求的，追问他的时候他会说，十之八九总有一天会有用的。绝大多数最伟大的发现，诸如电、X射线、镭和原子能，都是起源于纯理论研究。在进行这种研究时，研究人员追踪有趣的意外发现，而并不想取得任何有实际价值的结果。在应用研究上，人们支持的是项目，而在纯理论研究方面，人们支持的是人。然而，二者之间的区别有时失之肤浅，因为衡量的标准可能仅仅在于研究的项目有无实际价值。例如，研究池水中原生动物的生命周期是纯理论研究，但如果该原生动物是人体或家畜身上的寄生虫，则这项目就可称之为应用研究。还有一个基本的方法，可用来大体区分应用研究和纯理论研究，即：在前者是先有目标而后寻求达到目标的方法；在后者是先做出发现，然后寻求用途。

有些地方的知识界有一种鄙视应用研究的傲慢倾向，主要由两种错误的观念造成。一种认为新知识主要由纯理论研究发现，而应用研究只是应用已得的知识；一种认为纯理论研究是一种高级的脑力活动，需要更高的科学研究能力，而且其难度也更大。这两种观点都是十分错误的。很多重要的新知识都是通过应用研究发现的；例如，细菌学科学主要起源于巴斯德对啤酒业、葡萄酒酿酒业和蚕丝业中实际问题的研究。通常，应用研究比纯理论研究更难出成果，因为研究人员必须坚持解决既定的任务而不能任意追踪可能出现的、有希望的线索。还有，在应用研究方面，大多数的领域已被人探索过，很多简单的、显而易见的问题已经解决了。我们切不要将应用研究混同于某些学科中应用现有知识的例行步骤。我们既需要纯理论研究，也需要应用研究，二者是相辅相成的。

要解决实际问题，仅仅应用现有的知识是不够的。我们经常会发现知识中需要填补的空白点。此外，如果在应用研究中仅限于解决眼前的问题，而不去努力理解其内在的原理，那么，这种解决的方法也许只适用于这种局部的具体问题，而无广泛普遍的意义。这可能意味着，类似的和相关的问题必须从头开始研究。而如果最初研究得法，则可收举一反三之效。即使是一项诸如具体发展某项发现之类的貌似简单的任务，也可能带来意想不到的困难。在使用新的杀虫剂“六六六”作为羊的浸洗液之前，科学家们曾做过认真的检验和实地验证，证明无毒无害；但是尽管做过大量的实验，在牧场广泛使用时，许多羊在浸洗后得了跛足病。经研究证明：这种跛足病不是由于“六六六”的缘故，而是由于某种细菌的感染，某些羊只携带的细菌污染了浸洗液。从前使用的浸洗液有杀害这种细菌的作用，而“六六六”却没有。生物学上对照物发生的问题常常因地而异。疟疾寄生虫有时以某一不同种的蚊子作为中间宿主，肝吸虫也可能利用一种不同的钉螺。

在试图把新发现的知识用于具体问题时，纯理论科学便涉及应用研究。然而，应用研究科学家并不满足于等待理论研究科学家的发现，尽管这些发现很有价值。理论研究科学家在他不感兴趣的方面留下了重大的空白，应用研究工作者就可能不得不在这些方面进行基本研究，以填补这些空白。

科学研究还可分成开辟新领域的探索性研究和发展前者的发展性研究。探索性研究比较自由，富于冒险性，偶尔能获得重大的，也许是意外的发现；有时则可能一无所得。发展性研究通常由按部就班、一丝不苟的科学家进行。他们安于巩固取得的进展，在已开辟的领域内探索较小的发现，并通过付诸应用来充分利用已取得的成果。后一种有时称为“混饭吃的”研究或“安全第一的”研究。

“边缘”研究是一种在两门学科交界领域内进行的研究。科学家如有广泛的科学基础，能运用并联系两种学科中的知识，则很容易出成果。甲学科中一项普通的事实、原理或技术，应用于乙学科时，可能非常新奇而有效。

科学研究还可分成不同的阶段，随着一种学科或一项课题的进展而先后达到。首先是观察型的研究，由有实地考察的博物学家或由实验室中具有类似智力特征的科学家来进行。原始的粗略现象和素材经过逐步提炼变成更精确但更受限制的实验步骤，而最终变成精细的物理和化学过程。任何一个人，他所具有的专业知识，在某个研究阶段上要想超出一定的范围，实际上是不可能的。博物学家的作用并不低于他的同事，他的成就主要归功于他的观察能力和天生的颖慧，但常常缺乏深刻的基础科学知识，因此不能充分发展自己的发现。而另一方面，一个基础科学方面的专家，可能在思想上和实践上都脱离自然现象太远，不能像博物学家那样去开辟新的研究方向。

科学研究中的移植法

一切科学上的进展都是以先前的知识为基础的。发现者是为了大厦的拱门提供冠石的人，他们把主要由别人建造的完整结构揭示于世界。然而在这一节里，我不想多谈作为发展基础的知识背景，而想谈谈如何使一种新的知识适用于不同的条件和环境。

有的时候，决定一项研究的基本思想是来自应用或移植其他领域里发现的新原理或新技术。这种取得进展的方法称为研究中的“移植”法。这也许是科学研究中最有效、最简便的方法，也是在应用研究中运用最多的方法。但决不可因此而轻视它。科学上的进展来之不易，所以必须运用一切有用的方法。有些这类贡献与其称作发现不如称为发展，因为并未披露新的原理，揭示新知识也不多。然而，在把新发现的原理或技术应用于不同的问题时，通常会取得一些新的知识。

移植是科学发展的一种主要方法。大多数的发现都可应用于所在领域以外的领域。而应用于新领域时，往往有助于促成进一步的发现。重大的科学成果有时来自移植。利斯特移植了巴斯德证明腐烂是由细菌造成这一成果，发展了外科手术的消毒法。

人们也许以为，新发现一经公布，它在其他领域内可能的应用就会立刻自动地接踵而来，但实际情况很少如此。科学家有时看不到其他领域中的新发现对自己工作可能具有的意义，或是虽看到了但不知道该做何种必要的修改。从发现细菌学和免疫学的主要原理，到把所有这些原理应用于各种疾病，中间经过了漫长的岁月。在赫斯特用流感病毒发现病毒可使血液凝集的原理以后，过了一段时间才发现，这一原理也同样适用于其他多种病毒，当然，正如人们可以设想到的，须略加修改；后来，才发现这一原理也适用于某些细菌。

利用其他学科采用的新技术是移植方法的一种重要形式。有些研究人员有意识地采用一种新技术，然后寻找一些可把这种新技术运用在其中的课题，借助新技术的特殊优点另辟蹊径。举例说，色层分离法和血液凝集法就曾这样运用于与其最初发现的领域相距甚远的方面。

使用移植法有可能促成科学的发展，也许这就是为什么研究人员对自己狭窄的研究范围之外至少是重大的发展要有所了解的主要原因。

在本节里，我们不妨再提一下某些早经运用却无科学根据的习俗与实践经验方面的科学发展。许多治疗方面的药物就是这样采用的。奎宁、可卡因、马钱子和麻黄素等药物，在科学地进行研究认识其药理作用之前很久就被采用了。据说，可提炼麻黄素的麻黄草的医药性能，早在五千年以前的中国，就由神农帝发现了。南美的土著发现奎宁、可卡因、马钱子的经过已湮没无考，但显然，一定是纯经验的。顺便提一下，人们提取奎宁的金鸡纳树就是以金鸡纳伯爵夫人的名字命名的。这位夫人 1638 年用金鸡纳霜治愈疟疾，后来又把它从秘鲁引进欧洲。这类研究还有一例，即那些古老的加工行业，如鞣皮、制酪和各种发酵法。很多这类加工程序今天已发展成精确的科学步骤，得到改进，或至少是可靠性更大。种牛痘也许可算在这一类里。

战术

为了考察并更好地理解一个复杂的过程，有时把这个过程分解成若干组成部分，然后分别加以考虑，这种方法常常很有帮助。我在这篇有关科学研究的专著中也是这么做的。我先后描述了假说、推理、实验、观察、机遇和直觉在科学研究中的作用，并指出每一因素的特殊用途和不足之处。然而，在实际生活中，这些因素当然不是单独作用的。通常需要几个或所有的因素同时在研究中起作用，虽然解决问题的关键往往只需一个因素，这一点我们可从上述的一些小故事中看到。

第一、二章中概述了解决实验医学和生物学上简单问题的方法，在以后的几章中又相继讨论了每个因素在研究中的特殊作用。章节顺序的排列并无特殊意义，其篇幅的长短也与重要性无关。现在留待讨论的只是一些有关战术的一般考虑。为此，我们不妨把别处已经谈过的各点再扼要重述并汇总。

进行科学研究并无一定之规可循。研究人员应发挥自己的聪明才智、创造精神和判断能力，并利用一切有用的方法。席勒写道：

> 成功的方法必有价值……成功证明：在这一项研究上，研究人员做对了。他所选择的重要事实，他所排斥的其他不相关部分，他应用“定律”将这些事实连缀起来，他做的推理，他感受到的类似处，他对各种可能性的权衡，他做的猜测，他担的风险，都对了，但仅是在这一项研究上。到了下一次研究时，虽然他认为这个项目与上次“基本相同”，而且是人类看来少有的相像，但是他会发现区别（两个不同项目永远有区别）是关系重大的，必须对自己的方法和假设有所修改，方能成功地解决它。[80]

有人把科学研究比作向未知世界开战。这种说法使我们想到在战术上有可借鉴的地方。首先考虑的是有充分的准备工作，包括整理获得的一切资料、情报以及调配必要的物资和器材。进攻者如能设法拥有一种新式技术武器，就更具有极大的有利条件。最有希望取得进展的方法是：把兵力集中在敌军最薄弱的有限地区。可用初步侦察和佯攻的方法发现敌人的薄弱环节；如遇敌军顽抗，则最好用计谋迂回前进，避免正面强攻。在偶尔取得重要突破的时候，虽然颇有风险，但最好的方法还是迅速占据大块土地，而把巩固阵地的工作主要留给后来人，当然前提是：工作很重要且足以吸引他们。然而，一般说来，进展是一步一步取得的。夺取新阵地后，必须巩固已经取得的阵地，才能把它作为下一步进攻的基地。这是进展的正常格式，不但在科学研究中是这样，而且在一切形式的学术研究中都是如此。收集了材料以后，自然就要稍事停顿，予以综合，加以解释。然后，下一步是根据得到的新结论再去收集初始资料。

即使在应用研究方面，例如在对人体或家畜疾病的研究上，通常也是先尽力找出问题的某个方面或各个方面，而不是有意以某一种特定的实际用途为目标。经验给我们做了肯定的证明：充分理解了问题，就几乎一定能发现有用的事实。有时，通过发现致病寄生虫生活周期中的某个薄弱环节，就能找到简便的控制方法。想到这样一种可能性，在研究病毒或肠虫之类传染因子时，考虑到它的生物学方面，并仔细研究它如何生存，特别是在从一种宿主到另一种宿主的过渡期间如何生存，是很有好处的。

生物学上的新发现往往首先是定性的现象，所以第一个目的通常是把新发现提炼为定量的且能再现的过程，最后终于能归结为化学或物理的根据。值得一提的是，在主要的科学期刊上，大部分的研究都自称其目标是提示某种生物过程的作用机制。我们的一个基本信念是：一切生物作用最终都能用物理学和化学加以解释。以神秘的所谓“活力”为假说的活力论，以及以一种超自然的支配力量为假说的目的论，都早已为实验生物学家所摈弃。但是，将目的论的含义加以修正，还是可以承认的，即理解为某个器官或某种功能所达到的目的是帮助整个有机体或整个物种得以生存。

在科学上，最受尊崇、最受欢迎的进展莫过于对新定律和新原理的认识，以及某些对人类最有实际用处的新事实的发现。通常，人们不太重视新的实验技术和仪器的发明，尽管引进一项重要的新技术往往同新定律、新事实的发现一样，能大力推动科学的进展。细菌的固体培养基、细菌滤器、病毒的血液凝集作用以及色层分离法都是突出的例子。研究人员和科学研究的组织人员，如能对新技术的发展多加重视，必会有所裨益。

法拉第、达尔文、贝尔纳……几乎所有的伟大科学家，都有这样的特点：他们根据自己的发现，深入进行研究，不到穷尽，决不罢休。前面所述贝尔纳针对家兔消化作用所做的实验，就很好地说明了这种态度。当霍普金斯发现，某种蛋白质实验法是由于试剂中含有二羟醋酸杂质的时候，他深入研究，找出二羟醋酸与蛋白质中何种基相互作用，最后促使他做出了著名的色氨酸离析。任何一个新事实都是一种潜在的、重要的新武器，有可能用来进一步揭示知识；一项小小的发现可能导致重大的发现。正如廷德尔所说：

> 知识一经获得，便给自己的周围投射上微弱的光亮。意义十分有限而不能披露自身以外事物的发现是没有的。[95]

新发现一旦获得，成功的科学家立刻从各个可能的角度予以观察，并将它与其他知识相联系，找出科学研究的新途径。科学发现中真正持久的愉快并不来自发现本身，而是由于想到有可能把它用作新进展的阶梯。

当发现有成功希望的线索时，应尽可能暂时放下其他活动或有趣的问题，而全力追踪这个线索。这一点，一个稍许具有研究精神的人是无须别人教给他的。但是，在研究过程中，进展往往非常困难，常常是“山重水复疑无路”。正是这个时候，需要想方设法，千方百计，用尽一切聪明才智。也许，首先应该尝试的是把问题放下几天，然后从新的角度重新加以考虑。将一个难题暂时搁置起来有三个好处：能有时间进行“孕育”，即让头脑的下意识部分消化资料；有时间让头脑忘却那些受条件限制的思考；最后，不再固执地想一个问题，也就是避免钻牛角尖。这种暂时放下的原则，在日常生活中当然是普遍采用的。例如，对一个困难问题不马上表态，而要“睡过一觉”再做决定。本书其他章节已强调过讨论的用处，主要不在于寻求技术上建议，而在于启发新思想。讨论还能帮助人们透彻地理解问题，这一点是非常重要的。

当人们处于绝境时，另一个应该尝试的方法是：从头开始，从不同的角度看问题，找出新的途径。有时会从实地或临床搜集到更多的资料，这些观察到的新现象也许会有助于产生新设想。在把问题归结为实验方案进行探讨时，研究人员可能由于选择不当，以致做了无效的、错误的归纳，而在重新观察原始问题时，他可以选择从另一个方面来研究。有时，可把难题分成若干个比较简单的组成部分，分别加以解决。如果困难还解决不了，或许还可选择别的技术方法来克服。在眼前的问题与其他已解决的问题之间寻找相似的地方，可能会有所帮助。

为解决难题而一再努力之后，如果仍未有进展，那么，通常最好是先放下几天或几个月，进行别的工作，但仍不时考虑和谈论它。有时，一个新想法的产生，或是其他领域里出现的一个新进展，可使我们重新开始研究这个问题。如果没有新的进展出现，则只能放弃这个问题，认为根据目前有关领域的知识水平是无法解决的。然而，一遇困难，或为别的研究方向所吸引而冲动，就立刻放下手里的难题，这可是科学工作者身上的严重缺点。一般说来，研究一经开始，研究人员就应竭尽全力去完成。一个不断改变自己的任务、去追逐新想到的高明设想的人，往往是一事无成。

研究工作将近完成时，应予以书面报告供出版用。这在工作结束以前就应该着手进行，因为常常会发现一些空白点或薄弱环节，要趁手边还有材料的时候加以弥补。即使研究工作未近完成，也最好每年写出一篇研究报告，因为，如果不这样做，待工作将近完成时再根据以前的笔记写作，对实验的记忆就会淡薄，工作就会增加困难，不易做好。此外，对研究的问题最好能定期回顾，理由在前面已有陈述。但是，未获重要成果的工作则不宜发表，它使科学期刊质量降低，并有碍作者在有识之士心目中的声誉。

工作完成以后，应该请一位有经验的同事对文章提出意见，这不仅是由于这位同事可能比作者更有经验，而且也因为人们更易看出别人著作或语言中的毛病。

这里要提请大家注意，不要轻易发表未得明确结论的研究工作，特别是不要轻易做出未由实验结果或观察到的现象充分证明的解释。白纸上的黑字将永存于文献之中，发表的论文如果日后证明错误，将有损作者的科学声誉。一般说来，一个安全的方法是：忠实记录所得的结果，谨慎地提出对结果的解释，严格区分事实与解释。过早地发表不能证实的工作，曾经损害了一些很有前途的科学家的名誉。大多数的科学家，对于最高级的形容词和夸张手法都是深恶痛绝的，伟大的人物一般都是谦虚谨慎的。1831 年，法拉第给一位朋友写信说：

> 我现在又忙着在搞电磁效应，我觉得自己搞出点东西来了，但还没把握。可能是根草，而不是一条鱼，但是，经过这一番努力以后，总算可以拉出来了。

他“拉出来”的是一只发电机。1940 年，弗洛里爵士给洛克菲勒基金会写信，请求资助他完成有关青霉素的研究，当时他已很有把握，相信青霉素将成为一种比磺胺更有效的药剂。人们以为在这样一封信中，他会把自己的研究说得尽量好听一些，但弗洛里肯说出的就是下面这些：

> 这是一项很有希望的研究，我觉得这样说并不是过于乐观的。[76]

日后证明这是一句多么典型的过谦之词啊！

我承认，我一直到将近写完这本书时才读了培根的著作。读后我才体会到培根多么清晰地看到大部分的发现都是经验性的。我在研究了近代做出成果的各种方法以后，也产生了同样的观点。培根赞同地引用了塞尔萨斯（Celsus）的话：

首先找到药物，然后再论述理由和原因；而不是先找出原因，再根据原因发现药物。[6]

再没有比塞尔萨斯一千八百年以前所说的关于医学科学的话更能恰当地评述20世纪在化学治疗方面取得的进展了。当人们想到机遇和经验是生物进化发展的方法时，也许就不再奇怪为什么这些因素在生物学研究上起如此重要的作用了。

在科学研究中，我们常常必须最大限度，甚至超出限度地使用我们的技术，就像肖汀（Shaudinn）发现梅毒的苍白螺旋体那样，别人用当时所用的方法是很难发现的。在推理上也是如此，因为新发现通常不是推理所能做出的。

物理学与生物学一样，使用归纳逻辑是不够的。爱因斯坦在这点上说得十分清楚：

决不能用归纳法来发现物理学上的基本概念。19世纪的许多科学研究工作者没有认识到这一点，他们最基本的哲学错误就在于此……我们现在特别清楚地认识到：那些相信归纳经验就能产生理论的理论家是多么的错误啊！

在正规的教育中，如果不是明白地，也是含蓄地让学生相信，推理是科学进步主要的，甚至是唯一的手段。这一观点得到所谓“科学方法”概念的支持。这种概念主要是19世纪某些对科学研究知之甚少的逻辑学家阐述的。在这本书里，我试图指出这种观点的错误，并强调推理作为一种工具在获得新发现过程中的限度。我并不怀疑，在已知的领域内，推理是最好的指导，尽管在这个范围内使用推理的风险也往往超出人们的估计。但是在科学研究中，我们不断在已知领域之外摸索，这里的问题还不是放弃不放弃推理，而是我们发现：由于没有足够的知识作为正确推理的依据，我们根本无法运用推理。与其欺骗自己说：面对着知识不足、概念模糊的复杂自然现象，我们能够有效地运用推理；依我看来，还不如公开承认说：我们常常要诉诸鉴赏力，要承认机遇和直觉在发现中的重要作用。

在科学研究中，诚然和在日常生活中一样，我们经常必须根据个人的判断来决定自己的行动，而个人判断的依据则是鉴赏力。唯有科学研究的技术细节，在纯客观、纯理性这个意义上才是“科学”的。尽管初看起来这点十分荒谬，但是，事实正如乔治所说：科学研究是一种艺术，不是科学。[47]

小结

战术最好由从事研究的工作人员制定。研究人员还应有权参与战略规划的制定。但是，在这方面，研究工作的指导人员，或是包括熟悉该工作的科学家的技术委员会，也都能经常对研究工作者提供协助。委员会的主要职能是计划方针性的事务。人们只能计划科学研究，而不能计划新发现。

移植到另一科学领域的新发现，往往有助于新知识的揭示。关于如何最好地开展科学研究中的各种活动，作者已给出了一些提示，但却无法制定明确的规划，因为科学研究是一种艺术。

科学研究的一般战略是：研究时具有明确的目标，但同时保持警觉，注意发现并捕捉意外的时机。

第十一章　科学家

“在世界的进步中，起作用的不是我们的才能，而是我们如何运用才能。”

——布雷斯福德·罗伯逊

研究工作要求的性格

研究人员在很多方面酷似开拓者。研究人员探测知识的疆界需要很多与开拓者同样的品格：事业心和进取心，随时准备以自己的才智迎战并克服困难的精神状态，冒险精神，对现有知识和流行观念的不满足，以及急于试验自己判断力的迫切心情。

也许，对于研究人员来说，最基本的两种品格是对科学的热爱和难以满足的好奇心。一般来说，科学研究爱好者比常人保有更多好奇的本能。一个人的想象力，如果不能因想到有可能发现前人从未发现过的事物而受到激励，那么，他从事科学研究只能是浪费自己和他人的时间，因为只有那些对发现抱有真正兴趣和热情的人才会成功。最有成就的科学家具有狂热者的热情，但又受到客观判断自己成果以及必须接受他人批评这两点的辖制。一个热爱科学的人往往也具有科学鉴赏力，而且，在面对挫折失败的时候，只有热爱科学才能不屈不挠，百折不回。

聪明的资质、内在的干劲、勤奋的工作态度和坚韧不拔的精神，这些都是科学研究成功所需的其他条件。其他各行各业也大抵如此。科学家还必须具备想象力，这样才能想象出肉眼观察不到的事物如何发生、如何作用，并构思出假说。科学家往往不好相处，因为他对自己的看法并无很大的信心，而对别人的观点又抱怀疑态度。这种脾性在日常生活中是容易使人为难的。卡恰尔在谈到思想的独立性对科学家之重要时说：谦恭态度也许适合于圣贤，但对科学家却未必。[110]

几乎所有有成就的科学家都具有一种百折不回的精神，因为大凡有价值的成就，在面临反复挫折的时候，都需要毅力和勇气。达尔文的这种性格非常突出，据他儿子说，他的这种性格超出了一般的坚韧性，可被形容为顽强。巴斯德说：

> 告诉你使我达到目标的奥秘吧。我唯一的力量就是我的坚持精神。[112]

人可以大体分成两类。一类人惯于对外界的影响（包括别人的思想）起强烈的反应，一类人则消极被动地接受一切事物。前一类人甚至在孩提时期就对别人教给自己的一切提出疑问，并往往叛逆传统和习俗。他们富有好奇心，要自己去探索事物。第二类人更容易适应生活，而且在其他条件相同的情况下，更能积累正规教育所传授的知识。后一类人的头脑充满了公认的观点和固定的看法，而反应型的人则具有较少的固定观念，他们的思想更自由，更可变。

当然，并不是每一个人都可按照这两个极端来划分，从而隶属于某一种。显然，接近被动型的人是不适合于从事研究工作的。

怎样选择有前途的人来从事科学研究工作，或是判断自己是否适宜，这是个难题。列出一连串所需的品格条件对解决这个难题并无多大帮助，因为目前还没有一种客观的手段来衡量所列出的特点。然而，心理学家有一天也许会解决这个问题。例如，可以设计一种实验，来测验人们日常生活方面的知识。这可以衡量人们好奇心和观察力的大小，即他“发现”周围环境中事物的成功率，因为生活就是一个不断发现的过程。还可以设计一些实验，来检测人们概括的能力以及能否提出与已知资料相适应的假说的能力。也许对科学的热爱可这样来考察：看他们在获知科学上的新发现时是高兴还是相反，据此进行判断。

普通的考试并不足以说明学生研究能力的强弱，因为考试往往有利于积累知识的人，而不利于思想家。出色的考生不一定擅长于研究工作，而另一方面，一些著名的科学家则往往在考试上表现得不好。埃利希完全是靠着考官们的好心而通过医学毕业考试的，因为考官们很有见识，承认他有特殊的才能。而爱因斯坦则在工业学校入学考试中不及格。比起那种不加怀疑地接受全部教学内容的学生，善于思考、勇于批判的学生在积累知识方面很可能处在不利的地位。尼科尔甚至说：具有发明天才的人不能积累知识，拙劣的教学、固定的观念以及饱学多读会扼杀创造精神。[63]

我注意到，在英国有许多生物学或非生物科学方面的研究人员都是博物学家或者在青年时期曾是博物学爱好者。年轻人爱好博物学的某一学科，进行深入研究，这也许是一种可贵的迹象，说明他有研究的才能。这表明他从研究自然现象中得到兴趣，并很想亲自通过观察来认识事物。

目前，挑选有前途的、有研究才能的人，也就是劳斯（Rous）所说的“发现发现者”的唯一方法是：给候选人以机会，至少有一两年的时间来做科学研究的尝试。除非年轻科学家确实表现出研究方面的能力，否则最好不要给他永久性的研究职位。这种谨慎的态度不仅关系到科学家未来的物质生活和幸福，而且对研究机构也有好处。大学生在校期间的最后一年应有机会涉足研究，因为这有助于初步证明某人是否适于做研究工作。一个年轻的毕业生如果采取措施谋求一个研究工作的职位，那就表明他有从事科学研究的真诚愿望；换言之，最优秀的研究人员往往自己挑选自己。

不管科学研究究竟需要何种智力条件，总之大家公认：并不是人人都能从事研究工作而有所成就的，正如并非人人都有作曲的才能一样。然而，缺乏这些条件的人并不等于在其他方面的智力和能力有缺陷。

鼓励和报酬

具有研究头脑的人受到未知世界精神上挑战的吸引，并乐于施展才智以寻求答案。这只是许多人从解答难题中得到乐趣这一现象的一种表现，即使没有奖励也如此。填字谜和侦探小说之所以受人欢迎就证明了这点。附带说一句，埃利希喜欢阅读侦探神秘小说。对某一科学项目发生兴趣，有时是出于被研究事物内在的美，有时是由于研究采用的技术。博物学家和动物学家有时受某种动物的吸引而从事研究，是由于他们发现那种动物外表讨人喜欢；细菌学家喜欢使用某种技术，可能是由于这种技术投他的艺术感之所好。很有可能正是由于埃利希酷爱鲜艳的色彩（据说鲜艳的色彩能使他产生极大的快感），使他对染料产生了兴趣，并从而决定了他研究工作发展的方向。

爱因斯坦认为，研究人员分为三种：一种人从事科学工作是因为科学工作给他们提供了施展他们特殊才能的机会，他们之喜好科学正如运动员喜好表现自己的技艺一样；一种人把科学看成是谋生的工具，如非机遇也可能成为成功的生意人；最后一种人是真正的献身者，这种人为数不多，但对科学知识所做的贡献却极大。[35]

有些心理学家认为：人们最出色的工作往往在处于逆境的情况下做出。思想上的压力，甚至肉体上的痛苦都可能成为精神上的兴奋剂。很多杰出的伟人都曾遭受心理上的打击以及形形色色的困难，若非如此，也许他们是不会付出超群出众所必须的那种劳动的。

科学家很少因自己的劳动而获得大笔金钱酬报，所以对于工作成果带给他的一切正当声誉，他是当之无愧的。但是，最大的酬报是新发现带来的激动。正如许多科学家所证明的，这是人生最大的乐趣之一。它产生一种巨大的感情上的鼓舞和极大的幸福与满足。不仅是新事实的发现，而且对一个普遍规律的突然领悟都能造成同样狂喜的情感。正如克鲁泡特金亲王所写：

> 一个人只要一生中体验过一次科学创造的欢乐，就会终生难忘。

贝克引用过一个故事，说的是伟大的英国生物学家华莱士获得了一个小小的发现。华莱士写道：

只有博物学者才能理解我最终捕获它（新的一种蝴蝶）时体验到的强烈兴奋。我的心狂跳不止，热血冲到头部，有一种要晕厥的感觉，甚至有担心马上要死的时候产生的那种感觉。那天我头痛了一整天，一件大多数人看来不足为怪的事竟使我兴奋到极点。[8]

在证明了可以用牛痘接种法使人们不受天花感染时，詹纳兴高采烈，得意扬扬。谈到这点时，他写道：

我想到我命里注定要使世界从一种最大灾难中解脱出来时……我感到一种巨大的快乐，以至有时沉醉于某种梦幻之中。[30]

巴斯德和贝尔纳对这种现象做了下述评论：

当你终于确实明白了某件事物时，你所感到的快乐是人类所能感到的一种最大的快乐。[97]

做出新发现时感到的快乐，肯定是人类心灵所能感受的最鲜明而真实的感情。[15]

发现者有一种要同事与自己分享快乐的强烈愿望。他往往闯进朋友的实验室，报告情况，拉人家来看结果。大多数人在有了新进展后，如能同有着同一研究课题或因工作性质接近而真正感兴趣的同事分享欢乐和高兴，那么这种乐趣的享受是会倍增的。

新发现给人以激励，使过去所遇挫折和失败造成的沮丧失望即刻荡涤一尽，从而使科学家工作干劲倍增。而且，他的同事也受到激励，所以，一项新发现为进一步的发展创造了有利条件。但遗憾的是，事情并非总是这样。我们往往发现自己高兴得太早，是一场空欢喜。随之而来可能是深深的抑郁和沮丧，这时如有同事表示理解并加以鼓励，是会有帮助的。“忍受痛苦”而不气馁，是青年科学家必修的严峻的一课。

不幸的是，在科学研究中失败多于成功。科学家往往不能取得进展，而碰到了似乎是不可逾越的障碍。只有曾经探索的人们才懂得：真理的小小钻石是多么罕见难得，但一经开采琢磨，便能经久、坚硬而晶亮。开耳文（William Thomson Kelvin）[①]勋爵写道：

> 我坚持奋战五十五年，致力于科学的发展。用一个词可以道出我最艰辛的工作特点，这个词就是失败。

法拉第说，即使最成功的科学家，在他每十个有希望并已有初步结果的课题中，能实现的不到一个。当人们感到沮丧时，也许可以对比这两位大科学家的经历而聊以自慰。年轻的科学家应该尽早懂得，科学研究的成果来之不易，他如想获得成功，必须具有耐力和勇气。

科学研究的道德观

有一些道德观点是科学家普遍承认的，其中最重要的一条是：

---

① 开耳文（1824—1907），英国物理学家和数学家。——译者

在报道研究成果时，作者对他所参考利用的前人成果以及任何曾经实质上为他的研究提供过帮助的人，有责任给予应有的肯定和感谢。这条不成文的基本法规并不总是受到应有的、一丝不苟的尊重。违反者应该懂得，虽然在不知内情的读者眼里，他们提高了声誉；但是，却完全抵不过了解情况的那几个人带给他们的责备，这些人的意见才是真正举足轻重的。我们有时听到某人在谈话中引用别人的意见就好像是自己的一样，这是对上述不成文法规的一种常见的、轻微的触犯。

科学上一种严重的不道德行为是：盗窃别人谈话时透露的设想或初步的成果加以研究，然后不经许可就予以报道。这不比普通的窃盗好多少。我曾听到人们把一个屡犯不改的人称为"科学窃贼"。违反了这种道德的人是不易再受信任的。另一种不妥的行为是：一个研究工作的指导者仅仅指导了某项研究，但在联名发表时他的名字排在第一，这样就把研究工作的主要功劳攫为己有。遗憾的是，这种现象并不如人们想象的那么罕见。名字排在前面的作者是资格较高的作者，但所谓资格高应指的是他在这项研究中负责的工作多，而不是指他担任的职位高。大部分指导人员更关心的是鼓励青年工作人员，而不是自己抢功。我这里并不是说，如果老资格的研究人员在研究工作中确实起了作用也根本不应提自己的名字。过于认真且慷慨的人有时就是如此。但是，最好的办法常常是把自己的名字放在年轻科学家名字的后面，这样，年轻人就不会仅仅被当作是"参与合作者"之一而遭忽视。在年轻作者自己尚未成名时，写上一个在研究工作中出过力的知名科学家的名字，对作为工作质量的保证是有帮助的。每个科学家都有责任慷慨给予力所能及的建议和意见，并且，通常不应该因给予这种帮助而要求别人表示正式的感谢。

我的一些同事和我本人都曾发觉，有时我们认为是新设想的东西，在查看了自己先前就此课题所做的笔记后，发现并不是独创的。这种不完全的记忆有时造成不自觉地剽窃了别人的设想。有时别人谈话中提到的设想，后来在回忆时想不起是谁说的，从而以为是自己的。

完全的诚实当然是科学研究所必要的态度。正如克拉默（F. Cramer）所说：

> 从长远来看，一个诚实的科学家是不吃亏的，他不仅没有谎报成果，而且充分报道了不符合自己观点的事实。道德上的疏忽在科学领域里受到的惩罚要比在商业界严厉得多。[26]

把自己的佐证做最有利的报道是徒劳的，因为严峻的事实日后总会被别的研究人员所披露。实验人员自己最清楚自己成果中最可能的谬误。他应该老老实实地报道自己的工作，必要时指出可能出现了的错误。

如果作者发现自己后来不能证实原先报道的一些成果时，他应该发表更正，以免使别人误入歧途，或是费了九牛二虎之力去重复这项工作，而结果只是知道出了一个错。

当一个科学家开辟了一个新的研究领域时，有些人认为有礼貌的做法是，不要立即冲进这个领域，而应该在一段时间内将它留给发现者，让他有机会去收获第一批成果。我个人看不出有什么必要这样做，只要第一篇论文已经发表就行了。

不利用别人得到的知识而获得新发现几乎是不可能的。如果科学家们不汇集他们的贡献，就不可能积聚今天我们所能得到的丰富的科学知识宝藏。将实验结果和观察到的现象发表出版，以便别人可以利用并给予批评，这是作为现代科学基础的一条基本原则。保密违反科学上的最大利益和科学精神，它使科学家个人无法为科学的进一步发展做贡献。这通常意味着：科学家或他的雇主，想要利用别人慷慨提供的知识为基础而做出的发展来为自己的私利服务。很多工业上和政府国防部门的研究工作是秘密进行的。在今天这样的世界上，这似乎不可避免。但是，这在原则上却是错误的。理想地说，只要研究成果有一定的价值，那么，出版自由应是一切研究人员的基本权利。据说，甚至在农业研究方面，偶或存在研究成果因有碍政府当局的脸面而受到压制的现象。[54] 这似乎是一种危险而又短视的政策。

实验室不受限制，而研究人员个人对实验活动保守秘密的情况还是常见的。这些研究人员害怕别人剽窃他们的初步结果，抢在他们之前做出成果并予以发表。这种暂时保密的形式不能被看成是破坏科学道德。然而，这种情况尽管可以理解，却不应提倡，因为自由交流情报和思想有助于加速科学的发展。但是，别人请你保密，不要泄露他告诉的情况，是应该受到尊重的，不应再传给他人。一个旅行中的科学家参观各种实验室，他自己也许恪守信用，决不利用人家告诉他的未发表的资料，但是却可能无意中把这样的资料告诉了一个原则性不如他强的人。为了避免这种危险，这位科学家最好请别人不要把希望保密的情况告诉他，因为要记住哪些情况传播上有限制、哪些没有限制是很困难的。

遗憾的是，即使在科学的领域内，人们偶尔也会遇到国家之间的妒忌。表现为对别国所做的研究成果不赞赏、不承认。无疑，这一点不仅作为对科学道德观和科学国际精神的破坏是可悲的，而且，违反者会自食恶果，常常损害了自己和自己的国家。不承认别国所做科学发展的人，可能被遗留在他应该留在的死水滞流之中，而且他的行为也说明他是个二流科学家。在广大科学家之间存在着一种天然同情、互相理解的国际精神，这是人们对人类的未来抱有信念的一个主要原因。看到这一点被个别人狭隘的私心所玷污，是令人沮丧的。

各种类型的科学头脑

头脑的作用过程各不相同。常常有人把科学家大体分为两类，但这种分类法太主观武断了，绝大部分的科学家很可能是在两个极端之间，兼有二者的特征。

美国化学家班克罗夫特[10]把一类称为“猜测型”（此处猜测的意思指先于事实提出敏锐的判断或假说）：这一类型的科学家主要运用演绎法或称亚里士多德法。他们首先提出假说，或无论如何也要在研究活动的早期提出假说，然后用实验加以证明。另一类型班克罗夫特称之为“积累型”，因为这一类型的人积累资料，直到结论或假说瓜熟蒂落，水到渠成。这些人运用归纳法或称培根法。然而，演绎法、归纳法也好，亚里士多德法、培根法也罢，这些术语都会造成混乱，有时会被用错。彭加勒[72]和哈达马[50]，根据数学家的主要研究方法是凭借直觉还是按照循序渐进、有条不紊的步骤，把他们分成“直觉型”和“逻辑型”两种。这种分类法的依据似乎与班克罗夫特的相同。我则愿把这两类称为“推测型”和“条理型”，因为这似乎是说明两种类型主要区别的最简单方法。

尼科尔[63]区别两种人，一种是具有发明才能的人物，他们不能贮存知识，也无须是一般意义上的绝顶聪明人；另一种人是有着聪明资质的科学家，他们进行归类、推理和演绎，但根据尼科尔的说法，他们没有独创精神或不能获得创见性的发现。第一类人运用直觉，他们诉诸逻辑和推理仅是为了证明自己的发现。第二类人循序渐进地发展知识，恰如泥瓦匠垒砖砌墙，直至最后大厦竣工。尼科尔说，巴斯德和梅契尼科夫有很强的直觉，有时他们几乎在做出实验结果之前就发表了著作。他们做实验主要是为了回答批评者。

班克罗夫特对各种不同科学家的思想方法做了下述的说明。开耳文和哈密顿（W. Hamilton）爵士属于“条理型”，他们说过：

> 对于具有非科学型想象力的人来说，准确精细的测量似乎不及对新事物的探索那么崇高尊贵；然而，几乎所有最伟大的发现都是这样做出的。

> 在物理科学上，任何人只要有耐心，四肢灵活，感觉敏锐，即使智力中下也能发现新事实。

把这最后一段话与下面戴维的话做一比较：

> 感谢上帝没有把我造成一个灵巧的工匠。我的最重要发现是由失败给我的启发。

多数数学家是推测型的。下面的三段话据说分别是牛顿，休厄尔（William Whewell）[①]和高斯所说：

① 休厄尔（1794—1866），又译惠威尔，英国哲学家和数学家。——译者

没有大胆的猜测就做不出伟大的发现。

若无某种大胆放肆的猜测，一般是做不出知识的进展的。

我有了结果，但还不知道该怎样去得到它。

大多数生物学方面的优秀发现家也是推测型的。赫胥黎写道：

人们普遍有种错觉，以为科学研究者做结论和概括不应当超出观察到的事实……但是大凡实际接触过科学研究的人都知道，不肯超越事实的人很少会有成就。

下面两段在不同场合说的话，表露了巴斯德有关这一问题的观点：

如果有人对我说，在做这些结论时我超越了事实，我就回答说："是的，我确实常常置身于不能严格证明的设想之中。但这就是我观察事物的方法。"

只有理论才能激发和发扬发明创造精神。

奥斯瓦尔德用以区分科学家的方法略有不同。[67] 他把他们分成"古典型"和"浪漫型"两种。前者的主要特点是使每项发现臻于完善，工作方法有条不紊；后者有一大堆设想，但在研究时失于肤浅，很少彻底解决问题。奥斯瓦尔德说，古典型的人是蹩脚的教师，在大庭广众下往往手足无措；而浪漫型的人任意畅谈他的设想，对学生有极大的影响。他会培养一些出类拔萃的学生，但有时也破坏他们的独创性。而另一方面，正如哈达马所指出的，高度直觉的头脑往往十分朦胧。米斯（Kenneth Mees）认为：实用的科学发现和技术有三种不同的研究方法：（1）理论的综合；（2）观察和实验；（3）发明。他说，在一个人身上具有一种以上的上述研究方法是罕见的，因为每种方法要求不同类型的头脑。[61]

条理型的科学家也许更适宜发展性的研究，而推测型则更宜于探索性研究；前者适于参加研究小组，而后者则或是单干，或是当小组的领导人。泰勒博士描述了一个大型商业性研究机构的工作安排：他们雇佣推测型的人来随意进行设想，一旦这些人发现某个可能有价值的设想时，这个设想就不再让他们过问，而交给一个条理型研究人员去加以检验并充分发展。[90]

然而，所谓推测型和条理型是两个极端，也许多数科学家兼有二者的某些特点。学生可能发现自己有天然趋于这一类型或那一类型的倾向。班克罗夫特认为，一种类型是很难转化为另一种类型的。也许，最好每个人听从自己的自然倾向，而且人们认为有许多科学家受了自己碰巧遇到的教师的过多影响。最重要的是，我们切不可要求别人都照自己的思想方法去思想。如果一个天生是推测型的年轻科学家，受到一位条理型教师的影响，误认为自己的想象力应受压制以至被扼杀，那就是一桩极大的憾事了。一个能够产生自己的设想并愿意予以实验的人，往往比缺乏想象力和好奇心的人更容易爱好科学研究，做出更大的贡献并从中学到更多的东西。后者在研究方面能做有用的工作，但也许并不感到很大的乐趣。两种类型的人都为科学发展所必需，因为他们会相得益彰、相辅相成。

正如本书其他章节中所提到的，哲学家以及论述科学方法的作者们一个常犯的错误是，他们误认为：系统地积累资料，最后根据简单的逻辑做出结论和概括，这样就做出了新发现。而事实上，可能只有很少数的发现是这样做出的。

科学家的生活

对打算从事科学生涯的青年男女，说几句科学研究中个人生活方面的话也许是有帮助的。

年轻的科学家在阅读本书以后，看到对他提出的种种要求也许会大吃一惊。他若不是一个愿为“事业”献身的难得人才，很可能就会放弃科学研究了，所以我必须再说几句。我愿立即向他说明，书中所谈的只是一种求全的理想建议，而且，无须牺牲生活中的其他一切兴趣，人们仍然能够成为很好的研究工作者。如果有人愿意把科学研究当作天职，成为爱因斯坦所说的真诚的献身者，那是再好不过；但是也有很多伟大的、有成就的科学家，他们不仅过着正常的家庭生活，而且还有时间从事各种业余爱好。直到不久以前，由于物质报酬是如此的菲薄，科学研究还完全是由献身者去从事的。但今天，研究工作已经成为一项正规的职业了。然而，严格遵照早九点到晚五点的工作时间是不能做好研究工作的，实际上，有些晚上必须用于学习。从事研究的人必须对科学真有兴趣，科学必须成为他生活的一部分，被他视为乐趣和爱好。

科学研究的进展是不规律的。科学家偶然一次去热切地追踪一项新发现，这时，他必须把全副精力倾注于工作之中，日夜思考。他如具有真正的科学精神，是会愿意这样做的；如若条件不允许这样做，则会损害他的活动力。研究人员的家人一般都懂得，如果此人要成为创造性的科学家，有时就必须尽力不使他在其他方面有所负担和操心。同样，他实验室的同事们通常也帮助他减轻日常工作或行政事务上可能的负担。这种帮助并不会给他的同事或家人造成负担，因为对大多数人来说，这种精力突然奋发的情况是太少见了。也许平均一年有两到六次，一次有一两个星期，但各人的情况是大不相同的。然而，不要把这些话误作鼓励培养“艺术家的脾气”，而在日常事务中可以不负责任。

弗莱克斯纳在规划洛克菲勒研究所时，有人问他：“你准备让你的人在研究所里出洋相吗？” 这句话的意思是：只有愿冒这种风险的人，才可能获得重要的发现。研究人员万万不可因怕出洋相或怕人说他“想入非非”而放弃自己的设想。有的时候，提出并深入研究一项新设想是需要勇气的。人们还记得：詹纳把有关种牛痘的计划告诉一位朋友时，由于害怕受人嘲笑，是请他严守秘密的。

当我问起弗莱明爵士对研究工作的观点时，他回答说：他不是在做研究，而是在做游戏的时候发现了青霉素。这种态度代表了不少细菌学家，他们把自己的研究说成是“戏弄”这个或那个有机体。弗莱明爵士相信，正是做游戏的人获得了最初的发现，而更按部就班的科学家发展了这些发现。“游戏”一词意义颇深，因为它明白地意味着科学家的工作是为了怡情，为了满足自己的好奇心。但是，如果是一个无能的人，“游戏”则无异于随便地摸摸这弄弄那，一无所得，没有结果。戴尔爵士 1948 年在剑桥一次为巴克罗夫特爵士举行的聚会上说，伟大的生理学家总是把科学研究看成是有趣的冒险。拉夫顿（F. J. W. Roughton）教授说，对巴克罗夫特和斯塔林（E. H. Starling）[①] 来说，生理学就是世上最开心的娱乐。

科学上的伟大先驱，虽然都曾热烈地捍卫自己的设想，并时常为之战斗，但是，他们中的大多数在心灵深处却是谦恭的人，因为他们太清楚了：比起广阔的未知世界，他们的成就只是沧海之一粟。巴斯德在他生命快要终结时说："我虚度了一生。"因为他想到的是很多他本可以做得更好的事。据说，牛顿在死前不久曾说：

> 我不知道世人怎样看我，但在我自己看来，我只是像一个在沙滩上玩耍的男孩，一会儿找到一颗特别光滑的卵石，一会儿发现一只异常美丽的贝壳，就这样使自己娱乐消遣；而与此同时，真理的汪洋大海在我眼前未被认识，未被发现。

娱乐和度假主要是一个个人需要的问题，但是，科学家如果连续工作时间太长，会丧失头脑的清新和独创性。在这方面，乔伊特（Jowett）杜撰了一句很好的格言："不紧不慢，不劳不怠。"我们大多数人都需要娱乐和变换兴趣，以防止变得迟钝、呆滞和智力上的闭塞。弗莱克斯纳对假期的看法与摩根（Pierpont Morgan）[②] 是一样的。摩根有一次说，他不能用十二个月，却能用九个月做一年的工作。但是，大多数科学家并不需要一年休假三个月。

我已经提到过科学研究中常有的失望，以及需要同事、朋友的理解和鼓励。大家知道，这种不断的挫伤有时会造成一种精神病，哈里斯（H. A. Harris）教授称之为"实验室精神病"；有时这种挫伤会扼杀一个人对科学研究的兴趣。必须保持极大的兴趣和高涨的

① 斯塔林（1866—1927），英国生理学家。——译者

② 摩根（1867—1943），英国大金融学家。——译者

热情，当研究人员必须吃力地、缓慢地从事某项研究而又无成果时，要保持这二者是很困难的。在别的行业里，常常可以养成积习，因袭旧例；但是比起其他行业，科学研究中的这个问题就要严重得多。因为实际上，所有研究人员的活动都必须是他自己头脑的产物。唯有在工作有所进展的时候，他才得到激励，而不像生意人、律师和医生，他们既可以从自己的主顾、委托人和求诊者那里，又可以因为自己能有所作为，而经常得到激励。

经常同关心自己工作的同事讨论研究工作，有助于防止“实验室精神病”。精神病学上“精神发泄”的巨大价值已为大众所知，同样，告诉别人自己的困难，倾吐自己的失望，会使受到顿挫的研究者减少过度的烦恼和忧伤。

“实验室精神病”最常见于把全部时间用于研究单一项目的科学家。有些人在同时研究两个问题时感到有足够的缓解和松懈。有些人则愿将一部分时间用于教学、常规的诊疗工作、行政事务或其他类似职业上，使他们感到即使研究工作一事无成，他们也还是在做一些实际有用的事情，也还是在为集体做贡献。各人情况需要分别加以考虑，但是研究工作要有成效，科学家必须把他的主要时间用于研究。

在谈到这后一点时，坎农意味深长地指出：

> 这个时间因素必不可少。一个研究人员可以居陋巷、吃粗饭、穿破衣，可以得不到社会的承认；但是只要他有时间，他就可以坚持致力于科学研究。一旦剥夺了他的自由时间，他就完全毁了，再不能为知识做贡献了。[22]

在做了一整天别的工作以后，挤出一两个小时的业余时间来做科学研究是没有多大用处的，特别如果这一天的工作是需要动脑筋的工作。因为，除了实验室活动以外，科学研究还需要安宁的心境以便思考问题。此外，为了研究工作取得成果，有时必须面对挫折失败锲而不舍，而有一个现成的“逃避”活动，可能会造成不利条件。伯内特认为业余研究通常“在重要性上是稍逊一筹的”。

普拉特和贝克提出，一个科学研究人员或是有随和、平易近人的好名声但平庸无奇，或是喜怒无常但成绩卓著，也许只能是二者居其一。对于仅到实验室来科学参观的来访者应严格限制，然而，大多数研究人员愿意牺牲时间同真正严肃关心自己工作的参观者交谈。

巴甫洛夫在临死前写道：

> 我对我国有志于科学的青年有什么祝愿呢？**首先**，**循序渐进**。我一说起有成效的科学工作这条最重要的条件时就不能不情绪激动。循序渐进，循序渐进，循序渐进……在未掌握前一项时决不要开始后一项。但是，切勿成为事实的保管员。要透彻地了解事物的奥秘，持之以恒地搜寻支配它们的法则。**第二**，**谦虚**……切勿狂妄自大、目空一切。由于狂妄，在必须同意他人时你会固执己见，你会拒绝有益的、善意的帮助，你会丧失客观的头脑。**第三**，**热情**。记住：科学是要求人们为它贡献毕生的。就是有两次生命也不够用。在你的工作和探索中一定要有巨大的热情。[68]

热情是一种巨大的推动力量，但是，同一切与感情有关的东西一样，有时变化无常。有些人一时感情冲动，但片刻即逝；而另一些人却能长时间保持对事物的兴趣，其强烈的程度却往往很一般。在这方面，同在其他方面一样，应该尽可能地了解自己。就我个人而言，当我一阵心血来潮的时候，鉴于过去的教训，我试图客观地估计形势，决定我的热情是否有坚实的基础，或是否会在热情燃尽以后，从此一蹶不振，很难再对这个问题引起兴趣。对问题保持兴趣的一个方法是和同事分享这种兴趣。这样做还有助于使自己头脑清醒，制止盲目的冲动。年轻人特别容易对自己的设想一时冲动，急于加以实验，而欠缺批判的思考。热情是一种非常可贵的动力，但是同一切动力一样，必须充分认识其各方面的影响，才能用得恰当。

如果年轻科学家在毕业后的一两年内能够找到可出成果的工作方向，那么他不妨排除其他课题进行专一的研究。但一般说来，在把全副精力用于某一方面的研究之前，他最好能获得比较广泛的经验。工作单位问题也是如此：假如他很幸运，发现他的同事和工作的条件都很好，他对自己的进展很满意，那就谢天谢地。但是，换一换工作往往是很有帮助的，因为思想上新的接触和不同的科学领域都能给人很大的激励，尤其当科学家感到自己是在墨守成规的时候。我自己就有这种感受，别人告诉我他们也有这样的体会。一个不到四十岁的科学家，或许每三五年就应从这个角度来考虑一下自己的工作。有时更换课题也有好处，因为研究同一问题时间过长，会使人脑力枯竭，做不出结果。

高级科学家更换工作往往很困难，同时对他们也是不合适的。对他们来说，学术公休年[①]就是一个换换脑筋的机会；另一个方法是，

① 学术公休年是指在西方国家大学教师每隔七年享有一年或半年不教书而到其他机构研究的制度。——译者

安排各机构间科学家的短期互换。

一个人如果被隔绝于世，接触不到与他有同样兴趣的人，那么，他自己是很难有足够的精力和兴趣来长期从事一项研究的。多数的科学家在孤独一人时停滞而无生气，而在群集时就相互发生一种类似共生的作用，这正如培养细菌时需要有好几个有机个体，生火时必须有好几根柴一样。这就是在研究机构工作的最大有利条件。至于能得到同事的建议和合作以及借到仪器之类的事，则是次要的。世界边远地区的科学家，如能到大研究中心工作一段时间或短期访问各研究中心机构，是大有裨益的。同样，科学会议的主要价值也在于提供了机会，使科学家能非正式地会面并讨论共同关心的问题。遇到与自己有共同爱好的人，会产生很大的动力。看到别人对这个问题如何感兴趣，问题则变得益发有趣。我们之中实在很少有人能有坚强的意志、独立的头脑，热衷于一个别人毫不关心的课题。

然而,确实有少数难能可贵的人,他们有足够的内在精力和热情,独处时不失去活力，甚至可能由于不得不独立思考，不得不因为与世隔绝而有广泛的兴趣，而竟然从中获益。大多数伟大的先驱者都必须独立构思自己的设想，有一些是在科学上与世隔绝的情况下工作的，如孟德尔在寺院、达尔文在“猎犬号”航行途中。还有一个现时的例子，就是贝内茨。他在澳大利亚西部，是在科学上相对隔绝的情况下工作的。他发现了羊身上肠血中毒症状的原因、牛羊因缺铜而致病；此外，对人类的知识还做了其他重要的开创性的研究。

人在一生中哪个时期最有创造性，关于这个问题，莱曼（H. C. Lehman）搜集了一些有趣的资料。[59] 他在《医学史入门丛书》《医学史导引》之类著作中查阅资料后发现：1750 年到 1850 年出生的人，出成果最多的是在三十到三十九岁这十年中间。把这一段的成果当作 100%，则二十到二十九岁这十年中间出的成果是 30%—40%；四十到四十九岁期间成果为 75%；五十到五十九岁期间出的成果为 30%。人们的发明能力和独创精神也许在早年，甚至早在二十多岁就开始衰退，但是，经验、知识和智慧的增长弥补了这一缺陷。

坎农说：朗（Long）和莫顿（Morton）两人都是在二十七岁的时候开始用乙醚作麻醉剂的；班廷（F. G. Banting）① 是在三十一岁时发现胰岛素的；塞麦尔维斯二十九岁发现产褥热的传染性；贝尔纳三十岁时开始研究肝脏的产糖功能；范·格拉夫（van Grafe）二十九岁时设计了修补腭裂的手术，奠定了现在整形外科的基础。亥姆霍兹在年仅二十二岁、还是一个医科大学在校学生时，就发表了一篇重要论文，提出发酵和腐烂都是生命现象，从而为巴斯德开辟了道路。[58] 鲁宾逊（Robinson）认为二十八岁是一个关键的年龄，因为许多大科学家都是在这个年龄发表他们最重要的著作。另一方面，有些人在七十岁以后仍继续做出第一流的研究成果。巴甫洛夫、霍普金斯爵士和巴克罗夫特爵士都是很好的例子。

一个人在四十岁以前未做出重大贡献并不一定意味着他一辈子也做不出，这样的先例是有的，虽然不多。随着年龄的增长，大多数人对别人提出的新设想以及自己工作或思想中出现的新观念的接受能力逐渐减弱。哈维说，当他第一次提出血液循环理论时，没有一个四十岁以上的人接受它。许多人之所以在中年前后丧失了创造力，就是由于担任了行政职务，没有时间从事研究；有时是由于中年以后生活安逸而造成怠惰，从而丧失了进取心。和年轻人接触有

① 班廷（1891—1941），加拿大生理学家。——译者

助于保持观点的敏锐新鲜。不管人过中年创造力衰退的原因是什么，这种现象说明了：知识和经验的积累并不是出研究成果的主要因素。

奥斯瓦尔德认为，随着年龄的增长而经常出现的创造力衰退的现象是由于对同一问题长期接触所造成的。知识的积聚妨碍着独创精神，这一点在本书第一章里已经讨论过了。对于中年以后丧失独创性的科学家，奥斯瓦尔德主张他们的工作领域来个大变换。他自己在五十岁以后用这样的方法保持头脑的敏锐，显然是非常成功的。

研究人员是幸运的人，因为他能从自己的工作中找到生活的意义并感到满足。对于把个人的存在埋入大于小我的事物中从而寻求心境安宁的人，科学具有一种特殊的吸引力；那些更重视实际的人却因想到自己研究成果的不朽感到心满意足。很少有什么职业能比科学研究对人类幸福有更大的影响了，特别是在医学和生物科学方面。罗伯逊说："研究工作者是新文明的开路人和先驱者。"[74] 人类存在和积累知识只有近一百万年，而文明社会约一万年前才刚刚开始。有什么理由说人类不能在世界上再居住几万万年呢？当我们想到未来将取得的成就时，不禁头晕目眩、惊愕万分，我们才刚刚开始驾驭自然力。

但是，比起寻求怎样控制世界气候、怎样利用地壳下面蕴藏的热量，比起穿过宇宙飞往其他的星球，比这些更为急迫的，是必须使人类的社会发展赶上人类在自然科学方面的成就。当人类运用集体的意志和勇气，承担巨大的但归根结底是义不容辞的责任，以有意识的引导人类物种的进化时；当科学研究的最伟大的工具——人的头脑——本身成了科学发展的对象时，谁又能想象那个时候事物会发生什么样的变化呢？

小结

对科学的好奇和热爱是进行研究工作最重要的思想条件。也许最大的鼓励是希望赢得同事的尊重，而最大的报酬是做出新发现时的激动，人们普遍认为这是人生最大的乐趣之一。

根据科学家的思想方法，大致可把他们分为两类。一种是推测型的研究人员，他们的方法是运用想象和直觉来得到解决的方法，然后凭借实验和观察对自己的假说加以检验。另一种是条理型的研究者，他们一步步谨慎推理，进展缓慢，收集了大部分的资料后才得出解决的方法。

研究工作的进展一般是突进式的。在“高潮”时期，科学家几乎必须把全部精力和时间用于研究。不断受挫可能引起一种轻度的精神官能症。防范的办法是同时研究几个问题或从事某项业余工作。换换脑筋往往会产生巨大的精神动力，有时交换课题也有同样的效果。

从事科学研究确实能使人心满意足，因为科学的理想赋予生命以意义。

附录：机遇在新发现中起作用的其他实例

1. 电流的发现者不是物理学家，而是一位生理学家——伽伐尼。他解剖了一只青蛙，放在静电机旁的桌上。在伽伐尼外出片刻的工夫，有人用解剖刀触及蛙腿的神经，并注意到蛙腿神经因此而收缩。另一个人发现神经收缩时静电机发出火花。当伽伐尼注意到这个奇怪的现象时，他兴奋地进行了研究，深入研究后发现了电流。[112]

2. 1822 年，丹麦物理学家奥斯特（Hans Christian Ørsted）在一次报告会快结束时，把当时正好带着的一根导线的两端与一个伏打电池连接，平行地放在磁针的上方。起初，他故意使导线与磁针垂直，但没有什么情况发生。然而，当他偶然将导线水平地放并与磁针平行时，他惊奇地发现磁针改变了位置。出于敏锐的洞察力，他反转了电流，发现磁针向相反的方向偏转。这样，完全凭借机遇，奥斯特发现了电和磁之间的关系，并为法拉第发明电磁发电机开辟了道路。正是在讲述这段故事时，巴斯德说了他最著名的话："在观察的领域里，机遇只偏爱那些有准备的头脑。" 电磁原理的发现，比任何一项其他发现对现代文明的贡献也许都更大。[69]

3. 伦琴发现 X 射线时，正在做高真空放电实验。他当时使用氰亚铂酸钡来检测不可见的射线。但是没有想到这种射线会透过不透明的材料。完全是由于机遇，他注意到凳子上真空管旁的氰亚铂酸钡，尽管用黑纸与真空管隔开，却发出了荧光。他后来说："我是偶然发现射线穿过黑纸的。"[8]

4. 柏琴（W. H. Perkin）① 年仅十八岁时，试图用重铬酸钾氧化烯丙基 -O- 甲苯胺的方法来提取奎宁。他失败了，但他很想知道如用同样的氧化物与一较为简单的碱相作用会出现什么情况。他选用了硫酸苯胺，这样，第一次提取出苯胺染色剂。然而，机遇的作用还不仅于上述的事实：如果不是由于他的苯胺中包含了 P- 甲苯胺杂质，这种反应也就不会出现了。[8]

5. 19 世纪上半叶，人们坚信动物是不能制造碳水化合物、脂肪和蛋白质的，它们需从植物加工而成的食物中获取。当时，人们认为一切有机化合物都是在植物中合成，而动物只能起分解作用。贝尔纳着手研究糖的代谢作用，特别要找出糖在哪一部位分解。他用含糖高的食物喂养实验狗，然后，检验肝脏流出的血液，看看糖的分解是否在肝脏中进行。他发现血液中糖分很高。然后他明智地用

① 柏琴（1838—1907），英国化学家。——译者

无糖的物质喂养另一只狗，来做一个类似的实验。令他惊奇的是：他发现对照狗肝脏的血液中也有很高的糖分。于是他意识到，与流行的观点相反，肝脏确实从非糖的物质中制造出了糖分。由此他做了一系列烦琐的实验，充分证明了肝脏的糖原生成作用。这个发现之所以能做出，首先归功于贝尔纳操作实验的每一步骤时，都是按部就班，一丝不苟的；其次，他能够意识到与该问题流行观念不符的结果的重要性，并因此深入追踪这一线索。[44]

6. 在梅杜克（Medoc）① 地方，为了吓唬小偷，向葡萄藤架上喷洒石灰和硫酸铜的混合液。后来，米勒德特（Millardet）注意到，偶然洒上混合液的葡萄藤叶不长霉。根据这一线索，发现了波尔多（Bordeaux）混合剂②，可用于保护果树和葡萄藤免受霉菌引起的疾病侵袭。[87]

7. 福尔马林（甲醛水溶液）具有破坏毒质中的毒性而不影响其抗原型的特性。这是拉蒙（Ramon）在将防腐剂加入滤液之中以便保存滤液时，偶然发现的。[63]

8. 大家都知道青霉素是怎样发现的。当时，弗莱明正在进行葡萄球菌平皿培养，实验过程中要多次启开，因而培养物受到了污染。这种情况是常见的。了不起的是，弗莱明注意到，某个菌落周围的葡萄球菌菌落都死了。许多细菌学家不会觉得这有什么特别，因为当时早就知道有些细菌会阻碍其他细菌的生长。然而，

① 法国盛产葡萄酒的地方。——译者

② 波尔多为法国西南部商港。波尔多混合剂即是将硫酸铜加入石灰乳中形成的杀菌剂。——译者

弗莱明认识到这种现象可能具有的重大意义，进行了深入研究，并发现了青霉素。尽管将其发展成一种药物是以后弗洛里进一步研究的结果。当时出现的那一种霉菌并不是常见的霉菌。此后，为了找出其他抗体，在全世界的范围内进行了非常广泛的研究，但时至今日仍未发现任何与青霉素有同样价值的东西。领悟到这些，更可看出机遇的因素在这一发现中的突出作用了。还有一点值得一提，当时弗莱明若不是在一栋蒙有大量灰尘、容易发生污染的旧房子这种“不利”条件下工作，那么这个发现可能就做不出来了。[42]

9. 昂加尔（J. Ungar）[96] 发现，如在青霉素中加入了对氨基苯甲酸（PABA）溶液，则青霉素对某些细菌的疗效会稍有提高。他对当时为什么做这样的实验没有解释，但可能因为已经知道 PABA 是细菌生长的一种基本要素的缘故。后来，格雷夫（Greiff）、平克顿（Pinkerton）和莫拉格斯（Moragues）[49] 又对 PABA 做了实验，看它能否提高青霉素对斑疹伤寒立克次体的弱抑制效能。他们发现，PABA 本身就对斑疹伤寒微生物有显著的疗效。他们说：“这一结果是完全出乎意料的。” 这一研究的结果确立了 PABA 是可用作治疗斑疹伤寒族热病的珍贵的药物，而在此之前对这种病是没有有效药物的。

在《假说》一章中，我已经叙述了如何根据一个不正确的假说发现“六〇六”和磺胺的。还有两种同样著名的药物，也完全由于他们正好是实验物中的杂质而被发现的。密切参与了这项工作的科学家告诉过我这两项发现的经过，但请我不要发表，因为小组的其他成员可能不愿透露他们发现这两种药物的情况。惠特比

（Lionel Whitby）爵士向我说了一个性质略微不同的故事。一次，他正在实验当时的新药磺胺吡啶，接种了肺炎双球菌的实验鼠白天服药有疗效，但夜间没有疗效。一天晚上，有人请惠特比吃饭，归途中他先去实验室看看实验鼠的情况，在那里他漫不经心地又给实验鼠服了一次药。服药的实验鼠抗肺炎菌的效果比以往任何实验鼠都好。一周以后，惠特比才意识到就是半夜多服的那一次药造成了这样好的效果。从此，不论是实验鼠还是人，在用磺胺治疗时都必须日夜服药，效果比过去的方法好得多。

10. 我在研究羊腐蹄病时，曾几次试图制成一种使传染因子能够在其中生长的培养基。根据推理，我在培养基中使用了羊血清，但每次结果都呈阴性。最后我得到了一次阳性反应。在检查笔记时发现，由于羊血清暂时用完，在那组培养基中我用了马血清代替。根据这一线索，我很容易就分离出并证实了致病物质：一种能在马血清而不能在羊血清中生长的有机体，凭借机遇做出了与推理不符的新发现。

11. 人体流感病毒能够感染雪貂，这一发现是人体呼吸道疾病研究的里程碑。在安排研究流感时，准备实验病毒感染的动物中也有雪貂。但是，未到对雪貂进行实验的预定时间就有人报告说：有一群雪貂患了病，病状很像雪貂管理人员得的流感。根据这一间接证据，人们立即对雪貂进行了实验，发现雪貂也能感染流感。后来，人们发现当时对雪貂进行实验的想法完全是一场误会，因为那群雪貂患的不是流感，而是犬瘟热！[3]

12. 一批英国细菌学家发现了一种用乙基间苯二酚溶于丙烯乙二醇溶液喷雾消毒空气的有效方法。当时他们做了广泛的研究，实验了多种混合物，证明了这一种效果最好。选用乙二醇只是为了用它作为杀菌剂乙基间苯二酚的溶剂。由于这次研究提出了运用这种方法防止空气传播疾病的可能，引起了人们很大的兴趣。当其他人继续这项研究时，发现混合物之有效，是由于乙二醇而不是由于乙基间苯二酚。后来证明，乙二醇是最好的空气灭菌剂。当初采用乙二醇只是将它作为其他被认为是更有效杀菌剂的溶剂，当时并未认识到乙二醇本身具有任何有价值的杀菌作用。[73]

13. 罗桑斯特（Rothamsted）实验站在实验用各种化合物保护植物不受虫害时，有人注意到用硼酸处理过的植物，其生长情况大大优于其他植物。戴维森（Davidson）和沃林顿（Warrington）证明，植物生长良好是由于需要硼。人们原来并不知道硼对植物营养的重要意义，即使在获得了这个发现以后，在一段时间内仍然认为缺硼现象只是在学术上有价值。但是，到后来，发现有好几种有重要经济意义的植物病，如甜菜的"烂心"都是缺硼的表现。[102]

14. 选择性除草剂是在研究苜蓿的根瘤菌和植物生长刺激时偶然发现的。人们发现，这些有益的根瘤菌通过分泌一种物质能使根毛变形。但是，当纳特曼（Nutman）、桑顿（Thornton）和夸斯特尔（Quastel）试验这种物质对各种植物的作用时，他们惊奇地发现该物质对发芽和生长起阻碍作用。此外，他们又发现这种毒性是有选择的，对双子叶植物其中包括大多数的杂草，毒性特大；

而对单子叶植物，其中包括谷物和草，则毒性较小。于是，他们又试验了有关的化合物，发现了一些作为选择性的除草剂，今天在农业上有很大的价值。[65]

15. 研究食物保存技术的科学家试图用二氧化碳代替空气来延长冻肉的“寿命”。据研究，二氧化碳对引起食物腐败的微生物具有抑制生长的作用。当时发现，使用高浓度的二氧化碳会引起冻肉变色，十分难看，整个设想因此被放弃。一段时间后，同一实验室的研究人员实验一种冷冻法，需将二氧化碳释放到贮存食物的房间里，同时进行观察，看气体有无不利影响。令他们惊奇的是，冻肉不仅没有变色，而且在低浓度的二氧化碳中，冻肉保持新鲜的时间甚至比一般更长。从观察到的这一现象发展出了现代重要的肉类 “气存”法，即用 10%—12% 的二氧化碳。在这样的浓度下，气体有效地延长了冻肉的“寿命”而不造成变色。[13]

16. 我当时正在研究羊的一种生殖器官疾病，称为“龟头 - 包皮炎”。这是一种发病时间很长的疾病，人们认为除用外科手术根治外是无法治愈的。这时有些患羊从乡间送到实验室来供研究用。但令我惊奇的是，羊只在抵达后的几天内全部治愈。最初，我们认为送来的不是典型的患羊，但是进一步研究后发现：羊只痊愈是由于变换环境而拒绝进食的缘故。这样就发现了：这种用别的方法难以治疗的疾病，在大部分情况下，用简单的禁食数天的方法就能治愈。

17. 埃利希用抗酸法染色结核杆菌的发现是这样做出的：他把

一些配置剂放在炉子上就出去了。过了一会儿，有人不在意地点上炉子。炉子的温度正好合适使腊衣的细菌着色。柯赫说："完全是靠了这样的偶然机会，现在从唾液中寻找杆菌已成一种普遍的做法了。"[113]

18. 帕克斯（Alan Sterling Parkes）① 博士及其同事发现：甘油能使活细胞在非常低的浓度下长时间保存。他讲了下述故事说明他们是怎样获得这一重要发现的：

> 1948年秋季，我的同事史密斯（Audrey Smith）博士和波尔格（C. Polge）先生想要重复谢夫纳（Shaffner）、亨得森（Henderson）和卡德（Card）在1941年所得的结果，他们三人用果糖溶液来保护家禽的精子使其不受冷冻和融化的影响。实验结果不明显，正在等待进一步的灵感时，他们把一部分溶液放入冷藏库中。几个月后重新用同样的材料继续研究时，所有的溶液仍然呈阴性反应，只有一瓶中的家禽精子在 -79℃度的冷藏状态中几乎完全保存了活性。这一奇怪的结果给人以启示：果糖中的化学变化产生了一种物质，具有保护活细胞不受冷冻和融化影响的惊人特征。而果糖中的化学变化可能是由贮存时大量产生的霉菌引起和促成的。然而，实验表明：这种神秘的溶液不仅没有包含不同于一般的糖，而且实际上根本不含糖。与此同时，进一步的生物实验证明：在冷冻和融化以后，保存的不仅是活性，而且，还有使卵子受精的能力。这时，大家有点惊慌地把剩下的少量（10—15毫升）奇怪的溶液送到

① 帕克斯（1900—1990），英国生物学家。——译者

我们的同事埃利奥特（D. Elliott）博士那里去做化学分析。他的报告是：溶液包含了甘油、水和相当数量的蛋白质！这时大家才意识到，在实验果糖溶液的同时，在对精子进行形态研究的过程中，使用了迈耶（Mayer）的蛋白，就是这位组织学家的甘油和蛋白，并把它随同果糖溶液一起送入冷藏。显然有几个瓶子被搞混了，但究竟是怎么回事我们后来也没有弄清。我们很快用这种新材料做了实验，证明：蛋白不起保护作用。于是，我们的低温研究就集中到甘油对保护活细胞不受低温影响的作用上了。[115]

19. 纳尔班多夫（Andrew V. Nalbandov）① 博士亲自写信给我讲了下述引人入胜的故事，说了他是怎样发现了使实验鸡在切除脑垂体后继续生存的简单的方法。

1940 年我开始对脑垂体切除术对于鸡的影响感兴趣。我掌握了这种手术的技巧后，鸡仍然死去，手术后几个星期内，无一幸存。移植治疗和其他的措施都无效。我正准备同意帕克斯和希尔（R. T. Hill）的意见，他们在英国也做过类似的实验，结论是：切除脑垂体的鸡无法生存。这时我不得已只好做了几个短期的实验，放弃了上述的计划。正在这时，有一组切除脑垂体的鸡 98% 存活了三周，其中还有许多活的时间长达六个月。我所能想出的唯一的解释是：我的手术技巧随着实践有了提高。大约这时，就在我准备进行长期的实验时，鸡又开始死亡。在一个星期内，新近切除脑垂体的鸡

① 纳尔班多夫（1912—1986），出生于俄国的美国内分泌学家。——译者

和已经存活数月的鸡统统死去了。这当然不是手术技巧的问题。我继续实验，因为这时我已知道在一定的情况下的鸡是可以存活的，但这个条件是什么则完全不清楚。大约就在这个时候，我又有一段成功的实验，鸡死亡率很低。但是，尽管对记录做了详尽的分析（考虑并排除了疾病及许多其他因素的可能），我仍然找不出答案。你们可以想象，对于这样一件对动物经受手术的能力有显著深刻影响的东西竟然无法利用，这是多么令人沮丧。一天深夜，晚会结束我驾车回家途经实验室。虽然当时是凌晨两点，动物室里灯还开着。我以为是哪个粗心的学生忘了关，就停下车去关灯。几天以后的一个晚上，我又注意到这些灯通宵开着。询问以后才知道，是一位替工的看门人在晚上关窗锁门以后故意开着动物室的灯，以便找到出去的门（灯的开关不在靠近门处）。进一步查询以后证明：两段存活率较高的实验正是发生在这位替工的看门人值班的时候。我很快就用对照实验证明，切除垂体的鸡凡养在黑暗中的都死了，但若每夜开灯两次，每次一小时，则鸡可一直活下去。原因是：养在黑暗中的鸡不吃食，从而得了不治的低血糖病；而开灯屋中的鸡吃食足够，可以防止低血糖病。从那时起，我们要那些切除垂体的鸡活多久它们就能活多久，再没有任何困难了。

参考文献

〔1〕 Allbutt, C. T. (1905). *Notes on the Composition of Scientific Papers*. MacMillan & Co. Ltd., London.

〔2〕 Anderson, J. A. (1945). " The preparation of illustrations and tables." *Trans. Amer. Assoc. Cereal Chem*., **3**, 74.

〔3〕 Andrewes, C. H. (1948). （私人通信）

〔4〕 Annual Report, New Zealand Dept. Agriulture,1947-8.

〔5〕 Ashby, E. (1948). " Genetics in the Soviet Union ." *Nature*,**162**, 912.

〔6〕 Bacon, Francis (1605). *The Advancement of Learning*.

〔7〕 Bacon, Francis (1620). *Novum Organum*.

〔8〕 Baker, J. R. (1942). *The Scientific Life*. George Allen & Unwin Ltd., London.

〔9〕 Baker, J. R. (1945). *Science and the Planned State*. George Allen & Unwin Ltd., London.

〔10〕 Bancroft, W. D. (1928), "The methods of research", *Rice lnst. Pamphlet XV*. p.167.

〔11〕 Bartlett, F. (1947). *Brit. med. J.*, Vol. I, p.835.

［12］ Bashford, H. H. (1929). *The Harley Street Calendar*. Constable & Co. Ltd., London.

［13］ Bate-Smith, E. C. (1948). （私人通信）

［14］ Bennetts, H. W. (1946). Presidential Address, Report of Twenty-fifth Meeting of the Australian and New Zealand Assoc. for the Advance of Science. Adelaide.

［15］ Bernard, Claude. (1865). *An Introduction to the Study of Experimental Medicine* (English translation). Macmillan & Co., New York,1927.

［16］ Bradford Hill, A. (1948). *The Principles of Medical Statistics*. The Lancet Ltd., London.

［17］ Bulloch, W. (1935). *J. Path. Bact*., **40**, 621.

［18］ Bulloch, W. (1938). *History of Bacteriology*. Oxford University Press, London.

［19］ Burnet, F. M. (1944). *Bull. Aust. Assoc. Sci. Workers*, No. 55.

［20］ Butterfield, H. (1949). *The Origins of Modern Science*, 1300—1800. G. Bell & Sons Ltd., London.

［21］ Cannon, W. B. (1913). Chapter entitled "Experiences of a medical teacher" in *Medical Research and Education*, Science Press, New York.

［22］ Cannon, W. B. (1945). *The Way of an Investigator.* W. W. Norton & Co. Inc., New York.

［23］ Chamberlain, T. C. (1890). "The method of multiple working hypotheses." *Science*, **15**, 93.

［24］ Committee, 1944. *Lancet*, Sept. 16th, p.373.

［25］ Conant, J. B. (1947). *On Understanding Science. An Historical Approach*. Oxford Univ. Press, London.

［26］ Cramer, F. (1896). *The Method of Darwin. A Study in Scientific Method*. McClurg & Co., Chicago.

［27］ Dale, H. H. (1948). "Accident and Opportunism in Medical Research." *Brit. med, J.* Sept. 4th, p.451.

［28］ Darwin, F. (1888). *Life and Letters of C. Darwin*. John Murray, London.

〔29〕 Dewey, J. (1933). *How We Think*. D. C. Heath & Co., Boston.

〔30〕 Drewitt, F. D. (1931). *Life of Edward Jenner*, Longmans, Green & Co., London.

〔31〕 Duclaux, E. (1896). *Pasteur: Histoire d'um Esprit.* Sceaux, Paris.

〔32〕 Dunn, J. Shaw; Sheehan, H. L.; and McLetchie, N. G. B. (1943). *Lancet*, **1**, p.484

〔33〕 Edwards, J. T. (1948). *Vet. Rec*., **60**, 44.

〔34〕 Einstein, Albert. (1933). *The Origin of the General Theory of Relativity*. Jackson, Wylie & Co., Glasgow.

〔35〕 Einstein, Albert. (1933). Preface in *Where is Science Going*? by Max Planck. Trans. by James Murphy. George Allen & Unwin Ltd., London.

〔36〕 Faraday, Michael. (1844). *Philosophical Mag*., **24**, 136.

〔37〕 Felix, A. （私人通信）

〔38〕 Fisher, R. A. (1936). "Has Mendel's work been rediscovered?" *Ann. Sci*., **1,** 115.

〔39〕 Fisher, R. A. (1935). *The Design of Experiments*. Oliver & Boyd, London.

〔40〕 Fisher, R. A. (1938). *Statistical Methods for Research Workers*. Oliver & Boyd, London and Edinburgh.

〔41〕 Fleming, A. (1929). *Brit, J. exp. Path*., **10**, 226.

〔42〕 Fleming, A. (1945). *Nature*,**155**, 796.

〔43〕 Florey, H. (1946). *Brit. Med. Bull*, **4**, 248.

〔44〕 Foster, M, (1899). *Claude Bernad.* T, Fisher Unwin Ltd., London.

〔45〕 Frank, P. (1948). *Einstein. His life and Times*. Jonathan Cape. Ltd., London.

〔46〕 Gatke, H. (1895). *Heligoland as an Ornithological Observatory*. D. Douglas, Edinburgh.

〔47〕 George, W. H. (1936). *The Scientist in Action. A Scientific Study of his Methods*. Williams & Norgate Ltd., London.

〔48〕 Gregg, Alan. (1941). *The Furtherance of Medical Research*, Oxford University Press, London, and Yale University press.

〔49〕 Greiff, D. Pinkerton. H. and Moragues. V. (1944). *J.exp. Med*, **80**, 561.

〔50〕 Hadamard Jacques. (1945). *The Psychology of Invention in the Mathematical Field.* Oxford University Press, London.

〔51〕 Harding, Rosamund E. M. (1942). *An Anatomy of Inspiration*. W. Heffer & Sons Ltd., Cambridge.

〔52〕 Herter, C. A. Chapter entitle "Imagination and Idealism" in *Medical Research and Education*. Science Press, New York.

〔53〕 Hirst , G. K. (1941). *Science*, **94**, 22.

〔54〕 Hughes, D. L. (1948). "The present-day organization of veterinary research in Great Britain: Its Strength and Weaknesses." *Vet. Rec*., **60**, 461.

〔55〕 Kapp, R. O. (1948). *The Presentation of Technical Information*. Constable & Co., London.

〔56〕 Kekule, F. A, quoted by J. R. Baker (1942) from Schutz, G. 1890. *Ber. deut. chem. Ges*, **23**, 1265.

〔57〕 Koch, R, (1980). "On Bacteriology and its Results." Lecture delivered at First General Meeting of Tenth International medical Congress, Berlin. Trans. by T. W. Hime. Bailliere, Tindall & Cox, London.

〔58〕 Koenigsberger, L. (1906). *Hermann von Helmholtz*. Trans. by F. A. Welby. Clarendon Press, Oxford.

〔59〕 Lehman, H. C. (1943). "Man's most creative years: then and now." *Science*, **98**, 393.

〔60〕 McClelland, L, and Hare, R. (1941). *Canad. Publ. Health J.*, **32**, 530.

〔61〕 Mees, C. E. Kenneth, and Baker, J. R. (1946). *The Path of Science,* John Wylie & Sons, New York, and Chapman & Hall Ltd., London.

〔62〕 Metchnikoff, Elie, quoted by Fried, B. M. (1938). *Arch. Path.*, **26**, 700.

〔63〕 Nicolle, Charles. (1932), *Biologie de l'Invention*. Alcan, Paris.

〔64〕 North, E. A. （私人通信）

〔65〕 Nutman, P. S., Thornton, H. G., and Quastel, J. H. (1945). *Nature*, **155**, 498.

〔66〕 Nuttall, G. H. F. (1938). In *Background to Modern Science*, edited by Needham & Pagel. Cambridge University Press.

〔67〕 Ostwald, W. (1910). *Die Forderung der Tages*. Leipzig.

〔68〕 Pavlov, I. P. (1936). "Bequest to academic youth." *Science*, 83, 369.

〔69〕 Pearce, R. M. (1913). In *Medical Research and Education*. The Science Press, New York.

〔70〕 Planck, Max. (1933). *Where is Science Going*? Trans. by James Murphy. George Allen & Unwin Ltd., London.

〔71〕 Platt, W., and Baker, R. A. (1931). "The Relationship of the Scientific 'Hunch' Research." *J. chem. Educ*., **8**, 1969.

〔72〕 Poincaré, H. (1914). *Science and Method*. Thos. Nelson & Sons, London. Trans. by F. Maitland .

〔73〕 Robertson, O. H., Bigg, E., Puck, T. T., and Miller, B. F. (1942), *J. exp. Med*, **75**, 593.

〔74〕 Robertson, T. Brailsford. (1931). *The Spirit of research*. Preece and Sons, Adelaide.

〔75〕 Robinson, V. (1929). *Pathfinders in Medicine.* Medical Life Press, New York.

〔76〕 *Rockefeller Foundation Review* for 1943 by R. B. Fosdick.

〔77〕 Rous , P. (1948). "Simon Flexner and Medical Discovery." *Science*, **107**, 611.

〔78〕 Roux, E. quoted by Duclaux, E. 1896.

〔79〕 Russell, Bertrand. (1948). *Human Knowledge, Its Scope and Limits.* George Allen & Unwin Ltd., London.

〔80〕 Schiller, F. C. S. (1917). "Science Discovery and Logical Proof." In *Studies in the History and Method of Science*, edited by Charles Singer. Clarendon Press, Oxford.

〔81〕 Schmidt, J. (1898). *Vet. Rec*., **10,** 372.

〔82〕 Schmidt, J. (1902). *Vet. Rec*., **15**, 210, 249, 287, 329.

〔83〕 Scott, W. M. (1947). *Vet. Rec*., **59**, 680.

〔84〕 Sinclair, W. J. (1909). *Semmelweis, His Life and Doctrine.* Manchester University Press.

〔85〕 Smith, Theobald. (1929). *Am. J. Med*. Sci., **178**, 740.

〔86〕Smith, Theobald. (1934). *J. Bact.*, **27**, 19.
〔87〕Snedecor, G. W. (1938). *Statistical Methods applied to Experiments in Agriculture and Biology*. Collegiate Press Inc. Ames, Iowa.
〔88〕Stephenson, Marjory. (1948). " F. Gowland Hopkins." *Biochem*, J., **42**, 161.
〔89〕Stephenson, Marjory. (1949). *Bacterial Metabolism*. Longmans, Green & Co., London.
〔90〕Taylor, E. L. (1948). "The Present-day Organisation of Veterinary Research in Great Britain: Its Strength and Weaknesses." *Vet. Rec.*, **60**, 451.
〔91〕Topley, W. W. C., and Wilson, G. S. (1929). *The Principles of Bacteriology and Immunity*. Edward Arnold & Co., London.
〔92〕Topley, W. W. C. (1940). *Authority, Observation and Experiment in Medicine*. Linacre Lecture. Cambridge University Press.
〔93〕Trelease, S. F. (1947). *The Scientific Paper; How to Prepare it; How to write it*. Williams & Wilkins Co., Baltimore.
〔94〕Trotter, W. (1941). *Collected Papers of Wilfred Trotter.* Oxford University Press, London.
〔95〕Tyndall, J. (1868). *Faraday as a Discoverer*. Longmans, Green & Co., London.
〔96〕Ungar, J. (1943). *Nature*, **152**, 245.
〔97〕Vallery-Radot, R. (1948). *Life of Pasteur.* Constable & Co. Ltd., London.
〔98〕Wallace, A. R. (1908). *My life*. Chapman & Hall Ltd., London.
〔99〕Wallas, Graham. (1926). *The Art of Thought*. Jonathan Cape Ltd., London.
〔100〕Walshe, F. M. R. (1944). "Some general considerations on higher or post-graduate medical studies." *Brit, med. J.*, Sept 2nd, p. 297.
〔101〕Walshe, F. M. R. (1945). "The Integration of Medicine." *Brit. med. J.*, May 26th, p. 723.
〔102〕Warington, K. (1923). *Ann. Bot.*, **37**, 629.

〔103〕Wertheimer , M. (1943). *Productive Thinking*, Harper Bros., New York.
〔104〕Whitby, L. E. H. (1946). *The science and Art of Medicine*. Cambridge University Press.
〔105〕Willis, R. (1847). *The Works of William Harvey*, M. D. The Sydenham Society, London.
〔106〕Wilson, G. S. (1947). *Brit. med, J.*, Nov. 29th, p. 855.
〔107〕Winslow, C. E. A. (1943). *The conquest of Epidemic Diseases.* Princeton University Press.
〔108〕Zinsser, Hans. (1940). *As I Remember Him.* Macmillan & Co. Ltd., London; Little, Brown & Co., Boston; and the Atlantic Monthly Press.
〔109〕Gram, C. (1884). *Fortschritte der Medicin, Jahrg*. II, p.185.
〔110〕Cajal, S. Ramony (1951). *Precepts and Counsels on Scientific Investigation, Stimulants of the Spirit*. Trans.by J. M. Sanchez-Perez. Pacific Press Publ. Assn., Mountain View, California.
〔111〕Conant, J. B. (1951). *Science and Commonsense*. Oxford University Press.
〔112〕Dubos, Rene J. (1950). *Louis Pasteur: Freelance of Science.* Little, Brown & Co., Boston.
〔113〕Marquardt, M. (1949). *Paul Ehrlich*. Wm. Heinemann Ltd.
〔114〕Peters, J. T. (1940). *Act., med. Scand.*, **126**, 60.
〔115〕Parkes, A. S. (1956). Proceedings of the III International Congress on Animal Reproduction, Cambridge, 25—30 June,1956.

书中引证的著名学者索引

（按译名的汉语拼音顺序排列）

A

阿纳克西曼德（Anaximander, 约前 610—前 546），古希腊哲学家、天文学家和数学家。

爱因斯坦（Albert Einstein, 1879—1955），德国出生的理论物理学家，广义相对论的奠基人，以创立著名的质能等价公式著称。1921 年因发现光电效应定律获诺贝尔物理学奖。

埃利希（Paul Ehrlich, 1854—1915），德国细菌学家，免疫学和化学疗法的先驱。1908 年获诺贝尔医学生理学奖。

安德鲁斯（Christopher Howard Andrewes, 1896—1988），英国病毒学家。

奥斯瓦尔德（Friedrich Wilhelm Ostwald, 1853—1932），出生于在拉脱维亚的德国物理化学家，近代物理化学的奠基人之一。因研究催化作用、化学平衡和反应速率方面的成就，1909 年获诺贝尔化学奖。

B

巴甫洛夫（Ivan Pavlov, 1849—1936），俄国生物学家及生理学家，以发现经典条件反射（又称巴甫洛夫条件反射）著称，曾荣获 1904 年诺贝尔生理学医学奖。

巴斯德（Louis Pasteur, 1822—1895），法国化学家、细菌学家，近代微生物学奠基人。发现疫苗、微生物发酵和巴氏杀菌原理。

巴克罗夫特（Joseph Barcroft, 1872—1947），爱尔兰生理学家，以研究血氧著称。

班克罗夫特（Wilder Bancroft, 1867—1953），美国化学家。以他名字命名的班克罗夫特规则说：当生成乳液时，是水包油型还是油包水型，影响最大的是乳化剂是亲水性的还是忌水性的。

班廷 (Frederick G. Banting, 1891—1941)，加拿大生理学家，因首次将胰岛素用于人类而荣获 1923 年诺贝尔医学奖。

贝尔纳 （Claude Bernard, 1813—1878）, 法国生理学家。其最重要的发现为肝脏的产糖功能和血管运动神经。

贝塞麦 (Henry Bessemer, 1813-1898)， 英国发明家、工程师、企业家，发明贝塞麦转炉炼钢法。

伯内特（Sir Frank Macfarlane Burnet, 1899—1985），澳大利亚医生，病毒学和免疫学家 。1960 年获诺贝尔医学生理学奖。

柏琴（William Henry Perkin, 1838—1907）， 英国化学家，曾首次发现苯胺染剂、苯胺紫和柏琴三角。

D

达尔文（Charles Robert Darwin，1809—1882），英国博物学家，生物进化论的奠基人。著有《物种起源》，提出以自然选择为基础的进化论。

达·芬奇（Leonard da Vinci, 1452—1519），意大利画家、雕刻家、建筑师、工程师和科学家。

道尔顿（John Dalton, 1766—1844），英国化学家、物理学家和气象学家，以建立现代原子理论而著称，曾研究先天性色盲（又称道尔顿氏红绿色盲）。

德拉姆（Herbert Edward Durham，1866—1945），英国细菌学家，以他命名的德拉姆氏发酵管已广泛用来测定在培养细菌时气体的产生量。

德荷莱尔（Felix H. D' Herelle, 1873—1949），加拿大细菌学家，致力于应用微生物学研究，曾与人合作发现了噬菌体。

笛卡尔（Rene Descartes, 1596—1650），法国哲学家、数学家和作家，大半生在荷兰度过。在数学领域贡献很多，包括笛卡尔坐标系、解析几何、微积分等。

杜博斯（René Dubos,1901—1982），法国出生的美国微生物学家和病理学家，致力于天然抗生素的研究，是短杆菌抗生素和短杆菌酪素的发现者。

杜马克（Gerhard Domagk, 1895—1964），德国病理学和病菌学家。因首次发明商用抗生素——百浪多息，1939年荣获诺贝尔医学奖。

约翰·杜威（John Dewey, 1859—1952），美国早期机能主义心理学的重要代表，著名的实用主义哲学家、教育家和心理学家。

F

法拉第（Michael Faraday, 1791—1876），英国物理学家和化学家，电磁学和电化学创始人。研究环绕导体磁场产生的电流，发现电磁感应、抗磁现象和电解律，为电动机的产生奠定了基础。

费歇尔（Ronald Aylmer Fisher, 1890—1962），英国统计学家、演化生物学家、遗传学家和优生学家。以费歇尔信息、费歇尔精确检验法、费歇尔原理等著称。

冯·梅林（Joseph Von Mering, 1849—1908），德国著名内科医生。他和闵可夫斯基合作首先发现胰腺功能之一是产生胰岛素。

弗莱明（Alexander Fleming, 1881—1955），英国细菌学和免疫学家。他发明的盘尼西林拯救了世界上无数人的生命。1945 年荣获诺贝尔医学奖。

弗洛里（Howard Walter Florey, 1898—1968），澳大利亚病理学家，1943 年提得纯青霉素，用于医药，拯救了八千二百万以上生命。1945 年荣获诺贝尔医学生理学奖。

富兰克林（Benjamin Franklin, 1706—1790），美国政治家、科学发明家。

G

伽利略（Galileo Galilei, 1564—1642），意大利天文学家、数学家和物理学家，用望远镜证实了哥白尼的太阳中心说。

伽伐尼（Luigi Galvani，1737—1798），意大利物理学家和生物学家。研究生物电的先驱之一。

盖伦（Claudius Galenus or Galen of Pergamon, 约130—200），在罗马行医的希腊医生、医学家与哲学作家。

高斯（Karl Friedrich Gauss, 1777—1855），德国数学家、天文学家。曾对许多领域有重大贡献，包括数论、代数、统计学、微分几何、大地测量、地球物理、静电学、天文学、矩阵理论和光学。被誉为历史上最有影响的数学家之一。

革兰（Hans Christian Joachim Gram, 1853—1938），丹麦细菌学家、医生。其革兰氏染色法已成为医学微生物学的一种标准规程。

格雷格（Alan Gregg, 1890—1957），美国医生。在洛克菲勒基金会工作期间，他曾是世界医学研究和教育上最有影响力的人之一。

H

哈维(William Harvey, 1578—1657),英国医生，首位全面解释体循环和心脏供血机制的人。

哈达马（Jacques Salomon Hadamard, 1865—1963），出生于法国的数学家，主要贡献于数论、复数理论、微分几何及偏微分方程的研究。

赫胥黎（Thomas Huxley, 1825—1895），英国生物学家，达尔文进化论的极力捍卫者。曾创造生源论和无生源论的概念，认为一切细胞起源于其他细胞，生命来自于无生命物质。

亥姆霍兹（Hermann von Helmholtz, 1821—1894），德国物理学家、解剖学家和生物学家。对近代科学的多方面皆有重大贡献，包括视觉理论、空间的视觉感知、色觉、听觉感知等。在物理学上，他以能量守恒理论著称。

亨特（John Hunter, 1728—1793），苏格兰解剖学家和外科医生。最早提倡科学的观察和医疗方法的人，并创建了解剖学校。

华莱士（Alfred Russel Wallace，1823—1913），英国博物学家、探险家、人类学家和生物学家。1858 年独立提出著名的生物进化的自然选择学说。

霍普金斯（Frederick Gowland Hopkins, 1861—1947），英国生物化学家。发现维生素和色氨酸。1929 年荣获诺贝尔医学生理学奖。

J

焦耳（ James Prescott Joule, 1818—1889），英国物理学家。发现热和机械功的关系，乃至能量守恒定律，进而热力学第一定律。他观察到磁致伸缩，发现了电流经电阻而发热的焦耳第一定律。

杰克逊（John Hughlings Jackson, 1835—1911），英国著名的神经学家，其重要贡献包括他对癫痫病的全面研究。

津泽 (Hans Zinsser, 1878—1940), 美国医生、细菌学和免疫学家，专长斑疹伤寒的研究，特别是布里尔 - 津泽氏复发性斑疹伤寒。

k

凯特林 (Charles F. Kettering, 1876—1958), 美国发明家、工程师、企业家，并持有 186 项专利。

开耳文（William Thomson Kelvin, 1824—1907），英国数学物理学家和工程师，电磁学和热力学研究的先驱，提出电磁场的概念，精确确定绝对温度零度的正确值，绝对温度的单位以他命名。

科克斯（Herald Rae Cox, 1907—1986），美国病毒学家。细菌分类中的科克斯科、科克斯属皆是以他的名字命名的。

柯赫（Robert Koch, 1843—1910），德国细菌学家和微生物学的先驱，是现代细菌学的奠基人。发现肺结核、霍乱和炭疽热的病原体。因肺结核的研究荣获 1905 年诺贝尔医学奖。

克劳修斯（Rudolf J. E. Clausius, 1822—1888），德国物理学家和数学家，热动力学奠基人之一，引进热力学第二定律。他首次引进了熵的概念以及克劳修斯均功定理。

科南特（James Bryant Conant，1893—1978) 美国化学家，曾任哈佛大学校长，首任驻西德大使。

卡文迪什（Henry Cavendish, 1731—1810），英国伟大的化学家和物理学家，被认为是牛顿之后英国最伟大的科学家之一。他发现氢气，并对各种不同气体的性质进行研究；发现电的吸引和排斥定律；精确地测量地球的密度；第一个在实验室里完成测量两个物体之间万有引力的实验，并且第一个准确地求出了万有引力常数和地球质量。

L

拉瓦锡（Antoine Lavoisier, 1743—1794），法国化学家，是现代化学之父。发现氧气在燃烧中的作用，并命名氧和氢，反对燃素说。

莱夫勒（Friedrich Löeffler, 1852—1915），德国细菌学家，血清培养方法的发明者、白喉杆菌的发现者、口蹄疫病原的发现者。

兰斯坦纳（Karl Landsteiner, 1868—1943），奥地利裔的美国生物学家、医生和病理学家。1900年从血液中凝集素的存在发现人类血型。1930年荣获诺贝尔医学生理学奖。

利斯特（Joseph Lister, 1827—1912），英国外科医生，抗菌外科手术奠基人。

林格（Sidney Ringer, 1836—1910），英国内科医生、生理学家，以发明林格溶液著称。

鲁（Emile Roux, 1853—1933），法国医生、细菌学家和免疫学家。他是巴斯德的最密切合作者之一，对抗白喉血清的生产有贡献。

洛布（Jacques Loeb, 1859—1924），出生于德国的美国生理学家。曾研究人工单性生殖、动物取向性、器官取代的变异性以及海胆与海星杂交等领域，是美国最有名的科学家之一。

罗伯逊（Thorburn Brailsford Robertson，1884—1930），澳大利亚生理学家和生物化学家，是澳大利亚最早将胰岛素用于糖尿病的科学家之一。发现生长激素。

M

马森（David Orme Masson, 1858-1937），英国出生的澳大利亚物理化学家，以研究可爆炸的复合硝酸甘油著称。

麦克斯韦（James Clerk Maxwell, 1831—1879），英国数学物理学家，创立经典电磁理论。

梅契尼科夫（Ilya Ilyich Metchnikoff, 1845—1916），俄国生物学家、动物学家、胚胎学家，免疫学的细胞学说创立人之一。1882 年发现巨噬细胞。1888 年到法国巴斯德研究所。1908 年获诺贝尔医学奖。

孟德尔（Gregor Mendel, 1822—1884），奥地利科学家，奥古斯丁修道士，近代遗传科学的奠基人。

闵可夫斯基（Oskar Minkowsky, 1858—1931），出生于俄国的德国内科医生、病理学家，以研究糖尿病著称。

N

纳尔班多夫（Andrew V. Nalbandov, 1912—1986），出生于俄国的美国内分泌学家，动物生理学教授。

尼科尔（Charles Nicolle, 1866—1936), 法国医生和细菌学家，曾证明虱子是流行性斑疹伤寒的传递者。1928 年获诺贝尔医学奖。

O

欧拉（Leonhard Euler, 1707—1783），瑞士数学家和物理学家，对微积分和图论有重大贡献。他对机械学、流体动力学、光学、天文学等皆有贡献。

P

帕克斯（Alan Sterling Parkes, 1900—1990），英国生物学家，是 20 世纪生殖生物学领域最有影响的科学家之一。

彭加勒（Henri Poincaré , 1854—1912），又译名庞加莱，法国数学家和物理学家，发现电磁场中的能流密度矢量（又译作坡印廷矢量）。

普里斯特利（Joseph Priestley, 1733—1804），英国化学家，主要贡献是对氧气的研究，发现氧气及其他气体，但坚持燃素说。

普朗克（Max Planck, 1858—1947），德国理论物理学家。因创立 20 世纪物理学基本理论之一的量子理论，荣获 1918 年诺贝尔物理学奖。

R

瑞利（John William Strutt, Lord Rayleigh, 1842—1919），英国数学家和物理学家，发现瑞利散射分布。

S

斯塔林（Ernest Henry Starling, 1866—1927），英国生理学家，主要贡献有：描述体内流体移动的公式、发现肠蠕动、发现荷尔蒙分泌素等。

塞尔萨斯（Aulus Cornelius Celsus，前 25 年—50 年）罗马百科全书编纂人，并以其医学成果闻名。

史密斯 (Theobald Smith，1895—1934)，美国流行病学家、细菌学家和病理学家，以研究由寄生虫引起牛发烧(得克萨斯牛热)病著称。

T

托特（Frederick William Twort, 1877—1950），英国细菌学家。1915 年首次发现噬菌体。

特罗特（Wilfred Trotter,1872—1939），英国外科医生和生理学家，神经外科的奠基人。

廷德尔（John Tyndall, 1820—1893），英国物理学家。以研究反磁现象、红外辐射、光被散射的廷德尔效应等而著称。

W

威尔逊（Graham Selby Wilson, 1895—1987），英国细菌学家，贡献于结核病、布氏杆菌病和乳品卫生的研究。

微耳和（Rudolf Carl Virchow, 1821—1902），德国病理学家，细胞学说创立者。

沃尔什（F. M. R. Walshe，1885-1973），英国神经学家。

X

休厄尔（William Whewell, 1794—1866），又译惠威尔，英国哲学家和数学家，又是一位当时最有影响的博学家。通晓机械、矿物、地质、天文、政治经济、神学、教育改革、国际法、科学哲学、科学史和道德哲学。

Y

野口英世（Hideyo Noguchi，1876—1928），日本细菌学家。1911 年发现梅毒是逐步麻痹症的诱因。

Z

詹纳(Edward Jenner, 1749—1823)，英国医生，天花疫苗的发明者，被称为免疫学之父。

译者后记

“文革”前，我在中国科学就读研究生，期间曾对科学研究方法论发生过兴趣，并得知有一本题为《科学研究的艺术》的英文著作。“文革”之后，1977 年我有幸通过国外的亲戚买到了这本英文原著。这书出自一位卓有成就的澳大利亚动物病理学家贝弗里奇教授，综合了 19 世纪，20 世纪以及更早的一些著名科学家的经验和见解，又结合了著者本人的经验和教训，深入浅出地论述科学研究的实践与思维技巧，立论鲜明，语言精练且饶有风趣。于是，我便立刻向科学出版社推荐了这本书，并表示本人可承担翻译任务。科学出版社很快就同意了。

我妻子是学英语出身，读了这本语言精练而风趣的科学研究技巧的书，有意帮助我翻译此书成中文。在她的帮助下，我们对英文、中文的文字反复斟酌，查阅过不少辞典和参考书，希望能尽量译出著者的语言风格。三十六年前，我们既无电脑，又无中文打字机，全家挤在一间不到十四平方米的小屋里，坐在“小马扎”上，以床为桌，一页一页地抄写修改。就这样，《科学研究的艺术》一书中译本终于在 1979 年 2 月问世了。

书出版后不久，我和妻子携孩子先后出国，在海外读书、工作，最后定居美国，至今已有三十多年。由于忙于工作，以后发生的有关这本书的事情就都一概不知了。一年多前，一位国内老友把网上戴世强教授的博文《一件咄咄怪事——关于〈科学研究的艺术〉的中译本》转发给我，从中得知许多有关此书自1979年翻译出版后的消息。接着，我们又上网搜索到更多相关的信息，又惊又喜之情仿佛一个失散多年的爱子突然有了下落。据网载，此书曾被三联书店评为1978—1998年二十年间最有影响力的一百本书之一。又据传，此书曾被列为研究生“必读书”，也曾被选入高中语文文选读物，等等。在这里值得一提的是，戴世强教授发现一段有关这个中译本的小插曲。戴教授的博文中写道：

> ……前不久，我的助手董博士告诉我，他在网络上发现“台湾”出了另一个中译本，并做成了电子版。我大喜过望，赶紧让董博士给我发过来。董博士立即照办，还捎带了此书的原版——北京版译本（科学出版社）、《科学研究的艺术》的姐妹篇《发现的种子》的中译本以及威尔逊的《科学研究方法论》……
>
> 我急切地要这个“台湾”中译本的原因是，北京中译本虽然不错，但译者可能是翻译新手，译笔过于拘谨，有些句子拗口难懂，需要细细体会才能看明白。“台湾”的中译本是不是翻译得好一些？若是，我就可以向我的博友们推介。于是，迫不及待地打开了“台湾”的网络版。首先，发现书名改成了《科学之路》，这倒没有什么关系；接着，仔细地读译文，觉得所有句子都似曾相识，找来北京的中译本一对照，令我大吃一惊：原来两种译本

是“双胞胎”！99%的译文一模一样！是不是原译者陈捷在“台湾”弄了个繁体字版？不对呀，署名不一样，北京版的译者是陈捷，“台湾”版的译者是杨新北；陈捷的“译者前言”写于1978年4月；杨新北的“译者前言”则写于1983年4月。“台湾”网络版由“台湾大学”生化科技学系庄荣辉推出，看来他是一位老实的学者，恪守版权原则。为了推出网络版，遍找译者杨新北和原出版社（长堤出版社），结果无功而返……

于是，出现疑案：这是一起“抄袭案”吗？还不能排除陈捷改名换姓在“台湾”推出繁体字版的可能性。这样，他违反了与科学出版社的版权协议。按当时两岸交往的态势，这种可能性似乎不大。更大的可能性是：这位杨新北胆大妄为，公开抄袭译著，利用两岸交流不正常的局面，来了一个“瞒天过海”，难怪他玩起了失踪，连出版社也无影无踪了！杨新北的胆子忒大了一点，从头抄到尾，连“译者前言”也照搬不误，只改掉了不符合“台湾”当地的一些说法。

推出“台湾”网络版《科学之路》的“台湾大学”生化科技学系庄荣辉教授在谈到网络版缘起时写道：

在1985年看到《科学之路》中文版之时，正是我博士班快要毕业的关头，好像在公馆那家金石堂买的。快快读过之后，马上向出版社订购了三十本，分送一些大学部或研究所的学生，巴不得全“台湾”的学生都能读到。为什么这本书如此重要、如此令人印象深刻？因为书中淋漓尽致地说明了，什么是科学精神、什么是科学家的风格、为何生活中处处是科学。真深深体会到，英国人在科学本质上的高度认识与修养，实在有其文化上的传承，堪为借镜。

将近二十年后，网络已经把地球连接成一个大电脑，然而科学的基本精神却仍然完全没有改变，重读《科学之路》后更确定一事实。想要重蹈二十年前的覆辙，购买数十本书来广种福田，却买不到这本书，也找不到出版社。曾经向“天下”建议重新出版，等了几个月的专家审查，得到诸如“该书内容属研究人员层次，非一般大众有兴趣”之回应。就这样一直搁着，也一直忙着，差点忘了这本书。

但还是在导生会中不断向学生们灌输《科学之路》的精神，并且希望能够经由网络广为散布。有一位学生自告奋勇帮忙扫描页面，花了暑假几周时间转成文字档，再来就是要搬到网页上去，这要我自己来做。

我并无原翻译者杨新北先生的授权，因为花了很多努力都找不到原出版社，但迫于“为时已晚”就冒昧地先把文字搬到网页上去……

我想说的是，我过去用陈捷本名出书和发表论文，仅只在中国国内少数几次。我见到网上有热心人搜寻了不少署名同样的作品，那都不是我的，不敢掠美。同时也谢谢这些热心人的好意。至于“台湾杨新北版本”，更是从未听闻。

这三十多年来，世界发生了极大的变化，但科学的高峰依然险峻，我们这些学人也还在谦恭攀行。前人在进行科学研究中的经验、教训和思维技巧，往往使后人受益终生。我本人从《科学研究的艺术》一书也得益匪浅。来美后，我很幸运一直从事本行的研究工作。书中谈到的“给人错误印象的实验”“在研究中运用推理的注意事项”“观察中的某些一般原则”“解释的谬误”，以及“科学研究中的移植法”一直在指导着我的研究。应该说，我来美后出版的三本专著中有两本都得益于科学研究方法的指导。

作为《科学研究的艺术》一书中译本真正的译者和受益者，我自觉有义务将原译本作修正改进并再版，再次将此书推荐给我国广大的有志于科学的读者。我也要向上海大学戴世强教授的“钩沉”博文和台大庄荣辉教授的网络推广表示由衷的谢意。他们对《科学研究的艺术》一书中译本的肯定和推广，使我很受鼓励。

陈　捷

2014 年 10 月于美国华盛顿